植被动态学方法在荒漠化监测中的应用

——以宁夏盐地植被动态研究为例

张克斌　李　瑞　王百田　著

中国林业出版社

图书在版编目(CIP)数据

植被动态学方法在荒漠化监测中的应用/张克斌,李瑞,王百田著. —北京:中国林业出版社,2009.5
ISBN 978-7-5038-5593-1

Ⅰ. 植… Ⅱ. ①张…②李…③王… Ⅲ. 植被生态学-应用-沙漠化-环境监测 Ⅳ. P941.71 Q948.1

中国版本图书馆 CIP 数据核字 (2009) 第 068276 号

中国林业出版社·环境景观与园林园艺图书出版中心
策划、责任编辑: 吴金友 李 顺
电话: 83226967 83229512 **传真:** 83226967

出版 中国林业出版社 (100009 北京西城区刘海胡同 7 号)
网址 www.cfph.com.cn
E-mail cfphz@public.bta.net.cn **电话** 83224477
发行 新华书店北京发行所
印刷 三河市富华印刷包装有限公司
版次 2009 年 6 月第 1 版
印次 2009 年 6 月第 1 次
开本 787mm×1092mm 1/16
印张 10.5
字数 234 千字
印数 1000 册

定价 60.00 元

国家自然科学基金项目

“半荒漠地区湿地植被群落时空分布特征研究（30771764）”

国家林业局荒漠化定位监测项目（盐池）联合资助

Funded by Natural Science Research Foundation of China（30771764）

and

National Desertification Monitoring Program，State Forestry Administration

前　言

随着全球环境问题的日益恶化，荒漠化越来越引起国际社会的关注。历经半个世纪的争议，以《联合国防治荒漠化公约》为代表的荒漠化定义已为多数人所接受。即：荒漠化是指包括气候变异和人类活动在内的种种因素造成的干旱、半干旱和干旱亚湿润区的土地退化。

北方农牧交错带是我国北方半湿润农区与干旱、半干旱牧区接壤的过渡交汇地带，也是将我国农业区与草原牧区分割开来的半农半牧、时农时牧交替变化的地域。北方农牧交错带地理位置独特，生态环境脆弱。近年来，由于生态环境恶化、草地资源大面积遭到人为破坏而导致土地荒漠化和大量贫困人口产生。因此，对北方农牧交错带植被动态学及其在荒漠化监测中的运用研究具有重要的生态学意义和现实意义。

本研究结合国家荒漠化定位监测项目及国家自然科学基金项目，研究植被动态学理论和方法在荒漠化监测中的运用。以地处北方农牧交错带的宁夏盐池县为例，从植物种群、群落及景观等三个不同尺度对盐池县草地植被的动态特征及其在荒漠化监测中的运用进行研究。种群尺度上，结合生态位原理、种群分布格局理论等对盐池主要种群近年来的波动特征进行探讨；群落尺度上，研究盐池盐池植被类型及分布特征，群落结构近年来的波动特征。同时在生态学和统计学的基础上，构建草地植被波动测度的定量测度模型，这是一种快速有效的植被波动定量测度方法；景观尺度上，运用 MODIS 数据，采用植被指数（NDVI）对近年来盐池县植被景观波动特征进行研究。此外，本书对湿地—草原交错带，这一盐池县特殊的生境类型进行了研究，探讨交错带边缘效应。

该项研究得到了中国林业科学研究院杨晓晖博士、澳大利亚草地生态学专家 Victor R. Squires 教授等专家学者的悉心指导。宁夏盐池荒漠化定位监测站建设得到国家林业局治沙办刘拓主任、杨维西总工、屠志方处长、李梦先副处长、宁夏林业局孙长春局长、刘荣光副局长、荣旗处长、宁夏盐池机械化林场全体职工尤其是张生英场长、冯起勇书记、尤万学副场长及张维军主任等人的大力支持。2001～2007 年，冯玲正、王晓鹏、杨永恬、侯瑞萍、乔锋、杨俊杰、刘云芳、刘刚、卢晓杰、沈彦、张晨光、刘小丹、边振等多名研究生连续多年参与外业调查；内业数据处理得到刘云芳的大力帮助，遥感数据处理得到夏照华的帮助，在此一并表示感谢！

本研究是在国家自然科学基金项目：半荒漠地区湿地植被群落时空分布特征研究（30771764）及国家林业局荒漠化定位监测（宁夏盐池）项目支助下完成。

由于植被动态学研究是项长期的工作，涉及面广，需要研究的问题较多，本书仅以盐池近年来的植被波动为例，探讨半干旱区植被动态特征及其在荒漠化监测中的运用。由于作者水平有限，书中错误在所难免，望各位专家、学者提出宝贵意见。希望本书为荒漠化监测工作者、植被生态学研究者提供一点帮助和启发。

张克斌
北京林业大学

目 录

第一章　全球及中国荒漠化状况

荒漠化是全球性的重大环境问题，自20世纪70年代以来，已引起国际社会的广泛关注。1992年联合国环境与发展大会通过的《21世纪议程》，把防治荒漠化列为国际社会优先采取行动的领域，充分体现了当今人类社会保护环境与可持续发展的新思想。1994年签署的《联合国防治荒漠化公约》（以下简称《公约》），是国际社会履行《21世纪议程》的重要行动之一，体现了国际社会对防治荒漠化的高度重视。土地荒漠化所造成的生态环境退化和经济贫困，已成为21世纪人类面临的最大威胁，因而，防治荒漠化不仅是关系到人类的生存与发展，而且是影响全球社会稳定的重大问题。

第一节　荒漠化概念

一、荒漠化的由来

荒漠化（Desertification）一词是由法国植物学家奥不立维尔（A．Aubreville）在法属西非潮湿热带研究土壤侵蚀时首次使用的，于1949年首先提出的，他把由于滥伐和盲目烧荒造成的非洲热带森林向热带草原演化的过程称为“荒漠化”。到1977年，在肯尼亚内罗毕召开的联合国荒漠化会议上对“荒漠化”提出了较为明确的定义，在此之后，科学家们围绕荒漠化概念和内涵进行了深入探讨，并根据各自的专业背景相继提出了100多个定义。直到1992年在巴西里约热内卢召开的“联合国环境与发展大会”才提出为世界各国所公认的荒漠化定义，该定义经过1993和1994年“国际荒漠化公约政府间谈判委员会（INCD）”的多次讨论，在正式通过的《联合国关于在发生严重干旱和/或荒漠化的国家特别是在非洲防治荒漠化的公约》（以下简称《公约》）中，荒漠化得以准确的定义（张宏，慈龙骏，孙保平，1999）。

由于我国受国内特殊的地貌分布、学科及专业划分、翻译习惯等多方面影响，一般常用“沙漠”一词来泛称西北地区的“荒凉之地”，这样使得“沙漠”有广义和狭义两种说法，狭义的沙漠指沙质荒漠（sandy desert），广义的沙漠实际就是荒漠。对于沙漠化一词，早在1951年陶克的《陕北沙漠现状》一文中就有论述。在此基础上，对英文Desertification一词，在九十年代以前的文献中，多被译成“沙漠化”，并将其定义为“在脆弱生态条件下，由于人为过度的经济活动，破坏了生态平衡，使原非沙漠的地区出现类似沙质荒漠景观的环境变化过程”（朱震达，肖龙山，1981）或“原非沙漠地区出现了以风沙活动为主要特征的类似砂质荒漠景观的环境变化”（董光荣，高尚玉，金炯，1993）。最近，朱震达又将“荒漠化”定义为“人类不合理经济活动和脆弱生态环境相互作用造成土地生产力下降，土地资源散失，地表呈现类似荒漠景观的土地退化过程”（朱震达，1998）。因此，在我国以往所说的沙漠化所包含的内容较今天的荒漠化单一，其范围也较小。

二、荒漠化概念

国际上关于 Desertification（现今较准确的译为“荒漠化”）的提出不足 50 年的历史，但曾经有过 100 多个关于“荒漠化”的定义，这足以证明荒漠化现象与过程的复杂性。

荒漠化是由于人类的不良影响作用造成的干旱、半干旱及干燥半湿润地区的土地退化。1992 年 6 月，联合国在巴西里约热内卢（Riode Janeiro）召开了世界“环境与发展”大会，大会将防治荒漠化这一全球性重要环境问题作为重要内容，纳入《21 世纪议程》等几个框架文件，根据这次大会后 47/188 号决议，自 1993 年 5 月至 1994 年 10 月，《国际荒漠化公约政府间谈判委员会（INCD）》历经五次讨论，终于签定了《联合国关于在发生严重干旱和/或荒漠化的国家特别是在非洲防治荒漠化的公约》（以下简称《公约》），按照联合国防治荒漠化公约的定义，荒漠化是指包括气候变异和人类活动在内的种种因素造成的干旱、半干旱和亚湿润干旱地区（湿润指数在 0.05 ~ 0.65 之间）的土地退化现象和过程（林业部治沙办公室，1995）。该定义明确了以下三个问题（慈龙骏，1995）：

①“荒漠化”是在包括气候变化和人类活动在内的多种因素的作用起因和发展的。

气候变化和人类活动等因素是土地荒漠化的起因。气候变化引起的荒漠化是荒漠生态系统自身结构和功能变化的结果。这个过程作用时间较长，并且永久存在，而人类活动对荒漠化的影响不过是在气候变化的背景之上叠加了人类的影响而已。但这种影响却很直观、速效而且深远（马立鹏，2002）。

②“荒漠化”是发生在干旱、半干旱及干燥半湿润区，这就给出了荒漠化产生的背景条件和分布范围。

③“荒漠化”是发生在干旱、半干旱及干燥半湿润地区的土地退化，将荒漠化置于宽广的全球土地退化的框架内，从而界定了其区域范围。

公约还对与荒漠化有关的“土地”、“土地退化”作了定义。“土地是指具有陆地生物生产力的系统，由土壤、植被、其它生物区系和在该系统中发挥作用的生态及水文过程组成”；“土地退化是指由于使用土地或由于一种营力乃至数种营力结合致使干旱、半干旱和干燥半湿润地区雨浇地、水浇地或草原、牧场、森林和林地的生物或经济生产力、多样性的下降或丧失，其中包括：

①风蚀和水蚀致使土壤物质流失；

②土壤的物理、化学和生物特性或经济特性退化；

③自然植被的长期丧失。至此，关于荒漠化概念的认识，在国际上统一到有利于荒漠化的评估与防治等行动纲领上。

土地荒漠化实质上是土地生态系统的退化。土地荒漠化的表现形式尽管有土壤风蚀与水蚀、盐渍化、冻融、植被退化等多种，但这是土地生态系统组成要素退化综合作用的结果。

第二节 全球及中国荒漠化概况

一、全球荒漠化概况

目前，全球沙漠化面积已达到3600万km^2，占地球陆地总面积的1/4，全球有110个国家受到危害，受影响的人口达10亿之多，占全世界人口的1/6。特别是亚洲和非洲的一些受影响的面积和人口数目都很大的发展中国家表现得尤为突出。据估计，全世界每年有5万~7万平方千米的土地沦为荒漠化土地，到本世纪末全世界将要损失可耕地1/3的面积。据联合国环境规划署估计，荒漠化使全世界每年蒙受420多亿美元的经济损失（表1-1）。

（一）全球荒漠化发生的地理范围

荒漠化是全球性的环境问题，它在世界各大洲均有分布，世界沙漠、沙漠化土地集中分布在赤道两侧的亚热带至温带，在北半球集中在10°~50°N，南半球集中在10°~50°S，其中自北非的撒哈拉，经西南亚的阿拉伯半岛、伊朗、印度北部、中亚到中国西北和内蒙古，形成了一个几乎连续不断，东西长达13000km的辽阔的干旱荒漠带，占世界沙漠面积的67%，其中亚洲占32.5%，非洲占27.9%，澳大利亚占15.6%，北美洲和中美洲占11.6%，南美洲占8.9%，欧洲占2.6%。

（二）全球荒漠化类型、面积和分布

表1-1 世界部分国家和地区荒漠化分布状况

Tab. 1-1 The desertification distribution of some countries and regions in the world

区域/国家	旱地面积（10^3 km^2）	荒漠化面积（$10^3 km^2$）	荒漠化程度（$10^3 km^2$）			
			轻度荒漠化	中度荒漠化	重度荒漠化	极度荒漠化
全 球	51 692	36 184	4 273	4 703	1 301	75
非 洲	12 860	10 000	1 180	1 272	707	35
北美洲	7 324	795	134	588	73	—
南美洲	5 160	791	418	311	62	—
澳 洲	6 633	875	836	24	11	4
欧 洲	2 997	994	138	807	18	31
亚 洲	16 718	14 000	1 567	1 701	430	5
印 度	2 551	1 074				
中 国	3 327	2 622	915	641	1 030	—

资料来源：a. CCICCD，执行联合国防治荒漠化公约亚非论坛报告集，1996.

b. CCICCD, China Country Paper to Combating Desertification. China Forestry Publishing House, 1997.

c. Proceeding of the Expert Meeting on Rehabilitation of Forest Degraded Ecosystems, 1996.

根据联合国有关荒漠化资料，地球上受到和预计受到荒漠化影响的地区面积共有4560.8万平方千米，约占全球土地面积的35%。按其性质分：极端干旱荒漠占17%，荒漠化程度很高的土地占7%，荒漠化程度高的土地占36%，中度荒漠化土地占40%。

就地区分布而言，荒漠及荒漠化土地在非洲占其土地总面积的55%，在北美及中美洲占其土地面积的19%，南美洲占其土地面积的10%，在亚洲占其土地面积的34%，在澳大利亚占其土地面积的75%，在欧洲占其土地面积的2%。从其分布的自然地带来讲，荒漠化土地在在干旱、半干旱地区均占其土地面积的95%。在半湿润地区占其土地面积的28%。在150余个国家和地区中至少有2/3受到影响。表1-1为世界部分国家和地区的荒漠化分布状况（孙保平，2000）。

二、中国荒漠化概况

我国是世界上荒漠化危害最严重的国家之一。我国荒漠化面积主要分布在西北、华北北部、东北西部及西藏西北部地区，涉及18个省、直辖市、自治区，471个县（市、旗）。据调查，20世纪50～70年代全国风蚀荒漠化土地平均每年扩大1560km²，进入80年代，平均每年扩大2100km²，90年代初（1994年），已增加到2460km²，90年代末（1999年），增加到3436km²。每年因荒漠化造成的直接经济损失高达540亿元。

（一）中国荒漠化发生的地理范围

中国可能发生荒漠化的地理范围：即湿润指数在0.05～0.65范围内的干旱、半干旱和亚湿润干旱区，该区主体的南界大体自大兴安岭西麓、锡林郭勒高原北部向南穿过阴山山脉和黄土高原北部，向西至兰州南部沿祁连山向西，然后向南绕过柴达木盆地东部，向西抵达青藏高原西南部。此外，在湿润指数>0.65的湿润区还零散地分布着18个湿润指数<0.65的岛状区域，这些岛状区域主要分布于东经112°以东、北纬36°～45°之间，其中包括西辽河流域、黄河三角洲及其北部、太行山以东北至大兴，南至河北磁县的山前地区、宣化、怀来和大同盆地、忻定盆地、太原盆地等，另外在天山山区、横断山区、藏南谷地和海南岛西部也有零星分布。根据荒漠化定义，这些岛状区域亦是可能发生荒漠化的地理范围（张克斌，申元村，王贤，2002）。

（二）中国荒漠化的类型、面积及分布

根据《公约》规定的指标，中国可能发生荒漠化的地理范围，即干旱、半干旱及亚湿润干旱区的总面积为331.7万km²（慈龙骏，吴波，1997），在此范围内实际发生荒漠化面积（即中国荒漠化土地总面积）为267.4万km²（2001年），占该区域面积的80.6%，占国土面积的27.9%。

中国荒漠化土地分布从东经74°到东经119°，经度横跨约45°，从北纬19°到北纬49°，纬度纵跨约30°，几乎从海平面到高寒荒漠地带，垂直跨越数千米，地域辽阔、气候类型及地貌类型多样，塑造了形成荒漠化的主导因素的丰富多样。水蚀、风蚀、冻融侵蚀、土壤盐渍化无不存在，从而造就了中国荒漠化类型的多种多样。

第三节　荒漠化防治研究状况

一、国外荒漠化防治研究

荒漠化防治是全球性环境科技研究热点，包括我国在内世界上几十个国家都制定了或正在制定本国防治荒漠化国家行动方案；各国的情况不同，防治对策也不一样，但基本趋势是以生物技术和生物工程为主，辅以必要的非生物工程技术措施为防治荒漠化手段和研究主体。如美国和澳大利亚由于地广人稀，国家以法律的形式保护天然植被，保护生物多样及建立种质资源库，选育开发优质植物良种。对开垦种植引起土地荒漠化者，则以罚款或鼓励弃耕、给予补贴，恢复植被；德国环境法有3条明确规定：一是环境破坏后要恢复到原样，不能改变利用方向，二是治理后不准留有残毒，三是治理上不准以毒攻毒；原苏联、印度和埃及等国，先后在陆地、沿海地区建立沙漠、沙地综合治理试验站，从不同学科全方位开展荒漠化土地综合整治研究。同时，国家进行投资，开凿运河建立居民点，采取移民开垦大面积荒漠化土地，虽见成效，但也带来土地严重盐渍化问题；法国、丹麦、澳大利亚和日本，特别注重实用技术的研究和完善推广服务体系，营造沙地牧场防护林和沿海防护林，建立良种选育繁育场、沙地园艺场和农副产品基地，并为农户开展技术咨询服务；非洲，特别是西非，在20世纪70年代经过几次大干旱袭击，加快了这一地区的荒漠化，使撒赫勒地区一些国家农牧经济受到很大威胁，其中：埃塞俄比亚、索马里等国，依靠联合国粮食与农业组织的援助，将草场超载游牧，改为划区打井、定点供水放牧，引起井区辐射状草场荒漠化，未能控制荒漠化问题；以色列开发干旱荒漠土地，侧重于水资源的收集与保存、节水型灌溉技术和污水回收利用技术的研究。用定型的配套技术和制备，建立沙漠粮食、水产、果树、蔬菜和花卉露天和温室集约经营生产基地。各类产品畅销欧洲市场，在这方面始终保持世界领先的地位；有些先进国家，把遥感航天新技术用于荒漠化土地监测，预报其发展趋势，提出防治对策，取得明显环境保护和社会经济效益。各种作业机械化、资源产业化等也是国际发展的方向。目前国际上荒漠化研究与发展的总趋势：从景观生态系统入手，研究系统中各组成单元的相互关系，着重于环境的保持、植被的重建和提高，以及合理开发利用荒漠地区资源，实现生态—经济—环境—人口持续发展。

二、国内荒漠化防治研究

我国沙漠化防治的深入研究工作是在新中国成立后进行的。新中国成立以来，由于党和政府的高度重视，我国的防沙治沙取得了巨大成就，防、治、用三方面的研究水平和技术措施取得了长足进展。先后完成了沙漠与沙地综合考察，进行了全国土地荒漠化普查与监测，开展了定位研究与区域治理模式示范研究，并取得了不少研究成果。基本查清了沙漠化土地的分布面积和风沙危害程度。特别是改革开放以来，随着我国经济高速增长，国家和地方普遍都增加了对防沙治沙工程和科学技术的投入，加之农民群众对保护其生存、生产环境的迫切需求，开展防沙治沙技术研究与示范具有良好的外部环境和坚实的物质、技术基础，组织实施防沙治沙重大科技攻关的条件已经具备，时机已经成熟。另外，沙化地区虽然自然环境恶劣，但土地、矿产、生物、光热资源丰富，综合实力较强，具有较大的自然资源开发潜力；“九五”期间，科技部将防治荒漠化研究首次单独立项列为国家重点科技攻关项目——“荒漠化治理技术研究与示范”，分别在干旱区、半干旱区和半湿润区的8个省(自治区、直辖市)建成各具特色的试验示范基地10个、示范点51个，实际完成试验示范区建设任务18.8万亩*，取得了新产品10项，新技术、新工艺58项，新材料51种，研制成功五角枫脱壳设备

* 1公顷=15亩

1套，获专利1项，经专家鉴定的科技成果共25项。在干旱区水分平衡的风险评价、植物种质资源的适宜性评价、沙漠土壤盐分动态规律研究等领域丰富和发展了荒漠化及其相关学科，沙质荒漠化监测与评价指标体系研究跨入了世界先进行列。总结过去防沙治沙区域示范技术，科技工作者创造性地提出"飞播固沙造林"、"草方格、五带一体铁路造林固沙"等防沙治沙综合技术；以及毛乌素沙区生态环境保护和农牧业可持续发展的"三圈模式"、黄土高原的土—草—畜—产品为一体的"草地农业农牧耦合放大"模式等。这些防沙治沙科技成果为我国有效防治土地沙漠化，保护、改善生态环境，发展沙区经济，以及制定宏观决策，提供了扎实的科学依据与技术基础。

我国的防沙治沙科技开发工作始于20世纪50年代末期。经过40多年的开发、实验、示范和技术集成，取得了一批先进的技术成果，创造了许多先进、适用的技术。这些技术主要包括：(1) 固沙与阻沙技术，主要有工程防沙技术(如高立式沙障阻沙、草方格固沙)、化学固沙技术(如沥青乳液覆盖沙面固沙)生物防治技术(营造防护林、飞播造林、封沙育林育草)；(2) 沙区节水技术，主要有渠道防渗、低压管道输水、喷灌、微喷灌、田间节水等技术；(3) 荒漠化土地综合治理与开发技术，主要有农业上的引水拉沙造田、老绿洲农田改造、沙地衬膜水稻栽培、盐碱土改良、抗风蚀农业耕作、日光温室、地膜覆盖栽培和无土栽培等技术，牧业上的合理轮作、饲草加工、草场改良和温室养殖等技术，农牧综合技术主要有"小生物圈"技术、"多元系统"技术和"生态网"技术等。以上述技术为依托，经过优化集成，形成了一批适合不同地区、不同行业、各具特色的防沙治沙模式。主要包括：赤峰模式—半湿润区荒漠化土地治理与开发、榆林模式—半干旱区荒漠化土地治理与开发模式、临泽模式—干旱区绿洲土地荒漠化防治、和田模式—极端干旱区绿洲土地荒漠化防治模式、沙坡头模式—干旱区铁路防沙固沙模式、塔里木模式—极端干旱区沙漠公路防沙治沙模式、东胜模式—半干旱区煤田矿区荒漠化土地整治模式、贵南模式—青藏高原半干旱区旱作农业风蚀防治模式等。

40多年科研和生产的积累和发展，防沙治沙的科学试验条件、研究手段和仪器设备均得到了明显改善。国家林业局的支持下，全国已建立荒漠化监测定位研究站15个、国家级有关荒漠化防治的研究机构9个、省部级重点实验室11个、有10所院(系)从事防沙治沙的教学和科研工作。尤其是中西部的13个省、自治区和直辖市有50多个治沙单位，已建5个沙生植物园、18个治沙综合试验站或治沙中心。北京师范大学、兰州大学、南开大学、北京林业大学、西北农林科技大学、新疆"八一"农学院、内蒙古农业大学等大专院校均招收与防沙治沙直接相关的研究生，并已培养了大批防沙治沙专业人才，成为我国防沙治沙的重要科技教育基地。中国科学院系统，如寒区旱区环境与工程研究所(原兰州沙漠研究所)、地理科学与资源研究所、新疆生态与地理研究所(原生物、土壤与沙漠研究所)、沈阳应用生态研究所等单位在沙漠、荒漠化与防沙治沙等方面都做过大量的研究和试验示范工作，取得了显著的成绩，并建立了一大批科研示范基地。

近年来，防沙治沙的科研仪器设备更新换代加快，在"3S"技术应用，数据采集、转换、储存和分析等方面，多数已跨入世界先进水平；拥有野外站的沙地SPAC系统观测场和植被动态观测场、高空激光雷达测尘仪和野外风洞、室内稳定性同位素比值质谱仪、原子吸收光谱仪、X－衍射仪、电子探针、图形工作站、数字化仪、扫描仪、静电绘图仪及各种 GIS 软件（ARC/INFO、ERDAS、EIS、EPPLES）等一大批先进的测试、分析仪器和数据、图形处理设备，已基本具备开展大规模防沙治沙技术攻关的条件。但从总体上，特别是野外自动测试仪器、室内自动取样分析仪器和计算机自动设备，以及综合性的野外实验场的建设、科技储备能力等，与先进国家相比，还比较落后，仍需更新、改善和建设。

2000 年，按国务院的部署，科技部会同国家林业局、农业部、北京市人民政府、河北省人民政府、内蒙古自治区人民政府和中国科学院，共同启动了首都圈防沙治沙应急技术研究与示范项目，率先采取了企业主标，产学研结合的方式，以沙产业培育开发为主要任务的防沙治沙技术研究与示范。项目的实施初步实现了通过培育和开发沙区资源，以企业为主体，依靠技术集成，实现生态建设、生产发展和生活水平提高的有机统一，走出了一条通过产业化、市场化机制，开展科技治沙的新路子。

长期以来，防沙治沙作为一项社会性、公益性的生态环境建设事业，各级政府和有关部门对此也十分重视。1992 年联合国环境与发展大会以后，我国率先在国际上制定出《中国 21 世纪议程》和《中国执行联合国防治荒漠化公约国家行动方案》；国务院批准实施了《1991～2000 年全国治沙工程规划》，并设立了由 17 个有关部委组成的“中国防治荒漠化协调小组（联合国防治荒漠化公约中国执行委员会）”；全国已有 27 个省、直辖市、自治区成立了由政府和部门组成的防治荒漠化办公室，许多省（自治区）已将防沙治沙列入到各级政府的任期目标，并逐渐建立了防沙治沙行政责任制。自 1995 年 6 月 17 日第一个世界防治荒漠化日以来，每年的宣传活动，使全社会防治荒漠化意识显著提高，人民群众的科学意识普遍增强，为本项目实施提供了良好的群众基础。

然而，由于自然因素、人为不合理利用沙区资源等作用，目前我国的沙漠化仍然是治理速度赶不上沙化速度，有 1/3 的国土受到风沙的侵袭，每年沙漠化面积扩大速度高达 3436km^2，直接经济损失达 540 亿元。土地的沙漠化已严重制约我国的国民经济发展，成为我国北方经济可持续发展的重大障碍，因此，尽管我们取得了不少成绩，但还迫切需要提高防沙治沙的科技水平，以及提高科技对防沙治沙的贡献率，研发出切实可行的与国家防沙治沙工程相适应的防沙治沙技术及综合治理的配套技术，从根本上扼制风沙灾害的加剧，实现沙区生态、经济、社会的可持续发展。

第四节　荒漠化监测概述

荒漠化监测，是 20 世纪 90 年代中期随着《联合国防治荒漠化公约》的签署而兴起的一个新兴领域，目前尚无成型的监测技术体系，世界各国都在积极进行探讨和研究。在与荒漠化监测紧密相关的生态监测领域，积长年之研究成果，已经形成了一套完整的监测技术体系，可以借鉴（孙保平，2000）。荒漠化监测主要是通过定期调查，掌握我国荒漠化土地的现状、动态及控制其发展所必需的信息，为国家、省（自治区、直辖市）防治荒漠化和制定政策、编制和调整规划计划，保护、改良和合理利用国土资源，实现可持续发展战略提供基础资料，为防治荒漠化服务。同时，也是履行《公约》，开展国际交流与合作的需要。它的主要任务是定期提供全国和各省（自治区、直辖市）干旱地区不同荒漠化类型和程度的土地面积现状、动态宏观数据，分析自然和人为因素与荒漠化过程的相互关系，为防治荒漠化提出对策与建议。

一、荒漠化监测研究概况

新中国成立以来，中国政府和人民对荒漠化进行了积极的防治。作为防治荒漠化的基础性工作，在荒漠化调查和监测方面，也一直十分重视。《联合国防治荒漠化的公约》签署前，作为一个专业名词，过去我国一直把 Desertification 译作沙漠化，局限于土壤风蚀，流沙扩展所反映的土地退化，国际上也对荒漠化的本质、成因等方面的认识存在不同的看法。《公约》给出了荒漠化的定义，其得到了大多数人的认同。尽管对荒漠化存在认识上的差异，在过去的几十年中，我国科学工作者和有关部门对荒漠化所涉及的领域进行过许多理论研究，进行了大量的资源调查工作，在国民经济建设中起到了积极的作用。这些工作对今天开展荒漠化监测具有极大的借鉴意义，有关的方法和标准是今后荒漠化监测的基础。

1959 年，中国科学院成立治沙队，围绕“查明沙漠情况，寻找治沙方针，制定治沙规划”的任务，连续 3 年对我国沙漠戈壁进行了多学科考察，基本查明了我国沙漠戈壁的面积、分布等情况，为国家治沙决策提供了依据。20 世纪 80 年代初，水利部组织了全国土壤侵蚀调查，采用遥感方法，对全国土地的包括风蚀、水蚀和冻融在内的土壤侵蚀状况进行了调查，编制了 1:50 万到 1:100 万的土壤侵蚀图，这对于国土整治，特别是水土保持很有意义。80 年代，中国科学院自然资源综合考察委员会应用遥感方法对全国土地资源进行评价，查明了全国盐渍化土地、退化土地及土地利用状况，编制了 1:100 万土地资源图。农业部门组织科研人员对中国南、北方草场资源情况进行了调查。由于经济发展的需要，有关部门先后组织完成了许多与荒漠化有关的资源调查，如全国土地详查、土壤普查、森林资源清查等。

1994 ~ 1996 年，林业部组织技术人员在全国范围内进行了沙漠、戈壁及沙化土地普查。这次普查的面积为 457 万 km^2，采用地面调查与最新 TM 影象核对的方法，首次全面系统地查清了我国的沙漠、戈壁及沙化土地面积、分布现状和最近 20 年来的发展趋势，为防沙治沙和防治荒漠化提供了非常有用的信息数据。

从调查方法上看，经历了实地考察、遥感调查直到现在的抽样与“3S”技术应用，调查手段和方法有了很大的发展，调查周期越来越短，调查数据的现实性更强，数据的精度也更高。随着信息时代的到来，经济建设对信息的需求越来越高，荒漠化监测将日益显出它的重要性。

除了资源调查外，在荒漠化相关领域的理论研究也取得了重要进展，在风沙物理学、沙漠成因、沙丘类型、干旱植被、防风固沙机理、干旱地区资源遥感、沙漠土壤、沙漠水文、评价指标等方面进行过系统的研究。这些研究成果为荒漠化监测奠定了良好的基础。

1995 ~ 1996 年，中国防治荒漠化协调小组办公室组织有关部门的专家学者，利用我国境内 1864 个气象台(站)1981 ~ 1990 年的气象数据，按公约要求，计算、划分气候类型，确定了荒漠化发生的气候地理区域。利用已有的沙化土地普查及土壤侵蚀、草场资源、土地资源调查资料，编制了 1:100 万和 1:250 万全国荒漠化土地分布图，初步搞清楚了全国的荒漠化状况，并在此基础上编写了《中国荒漠化报告》。根据该报告，全国发生荒漠化的地理范围（即湿润指数0.05～0.65之间的地区）总面积为331.7万km^2，占国土总面积的34.6%；荒漠化土地面积为262.2万km^2，其中风蚀荒漠化土地160.7万km^2，水蚀荒漠化土地20.5万km^2，冻融荒漠化土地36.3万km^2，盐渍化土地23.3万km^2，其他原因引起的荒漠化土地21.4万km^2；沙化土地面积每年以2 460km^2的速度扩展。荒漠化严重制约着干旱地区的经济发展（林进，周卫东，1998）。

受气候变异及人类活动（包括破坏和治理两方面）的影响，荒漠化状况会不断发生变化。1994年10月中国政府在法国巴黎签署《公约》后，根据国内防治荒漠化对信息的需求和《公约》中有关缔约方进行信息的收集、分析和交流的条款，中国政府决定成立荒漠化监测中心，以能及时掌握荒漠化现状和变化的宏观信息，评价危害程度和防治效果，为制定政策、编制计划和规划提供信息资料。荒漠化监测是防治荒漠化的一项基础工作，中心成立后，在全国防治荒漠化工作协调小组秘书处的领导下，就建立全国荒漠化监测体系开展了一系列的技术准备工作。1994年底至1995年初，制定了《中国荒漠化监测原则技术方案》，通过了专家论证；1995～1996年进行了宁夏试点，就原则技术方案所提出的技术思路进行研究探索，基本明确了监测的技术方法；在宁夏试点的基础上，编写了技术方案和技术规定，计划1998年开展第一次荒漠化监测工作。

二、荒漠化技术框架及评价指标体系

（一）荒漠化监测的层次

全国荒漠化监测在3个层次上开展工作：

（1）荒漠化土地宏观监测

以省（直辖市、自治区）干旱地区为总体，采用遥感技术及抽样方法（1999），提供各省（直辖市、自治区）干旱地区的荒漠化土地面积现状和动态宏观数据。各省（市区）数据之和即为全国数据（张克斌，申元村，王贤，2002）。其中，荒漠化和沙化土地面积较小且分布零散的省区采用地面调查（杨维西，李梦先，1999）。

（2）重点地区监测

主要是对荒漠化扩展活跃地区或治理成效显著地区以及突发性事件（沙尘暴、水灾、工矿开发）造成土地荒漠化的特殊监测，其监测范围与时间间隔均根据情况需要而定（杨维西，李梦先，1999）。根据需要和条件，定期提供受关注局部地区的荒漠化土地面积现状和动态详细情况；

（3）典型定位监测

根据自然和社会经济特点，在不同类型区选择有代表性的地点建立固定的监测站点，对与荒漠化形成的相关因子进行长期系统的监测，提供荒漠化发生发展的成因、过程与治理对策及效果等，以定位观测土地荒漠化过程。

上述荒漠化监测的3个层次，相互独立，互为补充，构成了全国荒漠化监测的有机整体。其中第一个层次，即面上宏观监测主要提供全国荒漠化土地及沙化土地的宏观数据，即监测的结果。而后两个层次则从不同侧面提供了对全国宏观监测结果的分析、阐释，并可据此提出对策与建议（林业部防治荒漠化办公室，1995）。

（二）监测周期

荒漠化土地宏观监测以5年为一个监测周期，重点地区的监测周期根据技术、经费状况确定（林进，周卫东，1998）。

（三）气候区划

我国的研究人员近期已根据国际上广泛应用的C. W. Thornthwaite经验公式（Thornthwaite C. W.，1948），利用中国境内1864个气象台（站）1981～1990年的气象数据，计算、划分为极干旱、干旱、半干旱、亚湿润干旱及湿润气候类型区。

（四）荒漠化监测的方法

荒漠化监测可以分为地面监测、空中监测和卫星监测3种方法。地面监测又称人工监测，它主要是通过人工地面观察、测量和建立生态监测站的方法进行。后两种方法又称遥感监测。

三、荒漠化典型定位监测

（一）目的意义

作为全国荒漠化监测体系的重要组成部分的典型定位监测，主要目的是为全国荒漠化监测提供一定地区更为详细的土地荒漠化成因、过程、发展动态、治理成效等基础数据，为分析全国荒漠化提供基础支撑，同时，也是开展国际交流与合作的需要。

（二）荒漠化定位站主要监测内容

（1）土地利用状况（结构）变化情况

考虑到土地利用对荒漠化的影响，因此土地利用状况监测是荒漠化监测的主要内容之一。定位监测就是对区域内土地利用情况进行调查统计，如对监测区内耕地、林地、草地居民及工矿交通用地变化情况进行调查。

（2）社会经济状况

具体包括调查当地土地面积、人口及密度、总产值及各业产值、农牧民收入状况、畜牧业状况（数量、结构）、农林牧各业产量、载畜量（理论与实际）、农村能源状况等。

（3）气候变化状况

主要包括：温度、降水（包括雨量、强度、雨型）、大风及风沙日数、沙尘暴发生频率、地表辐射率、干燥度等。

（4）植被变化状况

调查监测区内植被的分布、组成、生物量、多度、盖度等因子；

（5）土壤状况

土壤机械组成、水分、养分、盐渍化变化状况，地表形态；

（6）与荒漠化有关的主要社会经济活动

包括经济、生产、交通等各种人为造成土地荒漠化的活动；

（7）荒漠化治理状况

对现已实施或正在实施的治理工程及所采用的治理措施、治理方式和效果进行评价分析。

第二章　荒漠化监测理论与方法

第一节　荒漠化监测体系

一、荒漠化监测体系

荒漠化监测是随着荒漠化问题日益严重随之产生的。20 世纪 90 年代以前，全球范围内的荒漠化监测主要是发达国家利用遥感技术及结合以往研究基础进行的。我国的荒漠化监测工作是 20 世纪 90 年代中期随着《公约》的签署而产生的，针对我国的具体情况，《中国荒漠化监测技术方案》将我国荒漠化监测划分为宏观监测—典型监测（定位监测）—重点监测（重点地区或重点工程项目监测）3 个层次。

（一）宏观监测

往往以省（直辖市、自治区）为单位，采用遥感技术，提供各省（直辖市、自治区）荒漠化土地面积现状和动态宏观数据，进一步汇总成为全国数据。宏观监测是利用图象处理技术、遥感分类专家系统技术、GIS 技术、抽样技术、GPS 定位技术、多媒体技术、动态预测评价、网络技术等进行。

（二）典型定位监测

主要是针对我国不同地带荒漠化状况，有重点地布设长期定位站，进行土地荒漠化监测的一种形式。通过位观测土壤、植被、气候、荒漠化治理情况以及社会经济状况的分析，为进一步分析全国荒漠化状况提供支撑。目前，国家林业局荒漠化管理中心已在全国范围内布设了一定数量的荒漠化定位监测站。本文就是在此基础上，以宁夏盐池定位站建设为基础进行的。

（三）敏感地区重点监测

根据需要对受关注的重点区域的荒漠化土地面积现状和动态详细情况，或者对重点工程项目（三北防护林体系工程、京津风沙源治理工程）进展状况及其效益进行监测；

另外，考虑到我国的行政划分状况，在具体实施方面，以县为单位的县级荒漠化监测是我国荒漠化监测的基本单位。

二、监测周期

考虑到土地荒漠化是渐变过程这一具体特点，结合技术及经济因素因素和国民经济计划，一般荒漠化监测以 5 年为 1 个监测周期，重点地区的监测周期根据需要和技术、经费状况随时确定。

第二节　宏观监测方法

一、宏观监测总体思路

随着科学技术的发展，利用遥感技术进行荒漠化监测，从技术以及经济方面日臻成熟。遥感监测经历了从航片到卫片过程，一般按照土地利用现状进行划分，并将各种荒漠化参数按空间分布特点，输入计算机，建立荒漠化数据库和地理信息系统，进行信息的查询、检索、更新和预测荒漠化发展趋势。

利用航片在室内判读必须逐块进行，根据航片的影像、形状、色调、阴影、结构等建立判读标志，再以土地利用类型、荒漠化程度、强度等所制定的等级标志，逐块落实。在判读的基础上，有必要进行外业验证。即选择一定的路线和地块及样方，进行调查验证。

随着技术进步，遥感卫星资料(包括 MSS、NOVA、TM、SPOT 等)已越来越多用于大范围荒漠化调查和荒漠化监测。目前卫星影像判读资料有 3 种：即数字卫星影象资料计算机分类，纸质卫星影像资料的目视解译和数字卫星影像资料计算机屏幕勾绘。

数字卫星影像资料计算机自动分类：优点是可利用计算机软件(如 Erdas)对卫片像之特征进行自动分类，速度快，可用于地物相对简单均一地区进行判别，因此精度还有待提高，同时必须与地面调绘相结合。遥感图象计算机自动专家分类系统目前尚处研究阶段，目前尚不能用于大规模监测工作。

纸质卫星影像资料的目视解译：是在纸质卫星影像资料上作目视判读解译(在建立卫星影像资料判读标志基础上)，然后再作计算机数字化输入，建立图形库。它的不足之处是纸质图像与数字卫星影像资料比较，有信息损失，其次是成图比例尺受纸质图像比例尺限制，人工工作量较大，再之，勾绘和数字化过程都存在误差，影响精度。

目视解译和数字卫星影像资料计算机屏幕勾绘：利用微型计算机屏幕解译遥感图象，比以往利用相片在拓图台上解译有以下优点：

(1)原始影像清晰，信息量大，可在象元水平上作解译。计算机屏幕可显示 16 兆色调，具有较高的分辨率，其空间分辨率可达一个象元水平，并且可以随意放大。因此，可以根据象元的色调、纹理、结构及周边关系，判读每个象元的归属，这是纸质卫星影像资料的目视解译无法达到的。

(2)目视解译和数字卫星影像资料计算机屏幕勾绘是一种人机结合方法，除人的主观判读外，还可利用软件提供的局部探测及统计功能等各种工具做人/机结合式判读，可极大地提高了解译和勾绘的准确性。

(3)可做成任意比例尺的图件(比例尺范围在 1/25000 ~ 1/500000 之间)。

(4)可加注任何信息，可在屏幕上修改及加注行政界线，勾绘村镇范围，加注道路等各种标记，形成影像地图。

(5)可以多种形式输出最终产品，根据需要，最终产品可做成影像地图，影像分类图或 GIS 图三种图件；而输出及存档格式可以是电子产品，相纸或打印纸三种输出，即输出方法可以选择数字光盘、绘图仪打印或扫成彩色底片放大等方式。

表2-1是张玉贵(1998)利用TM卫星影像在我国东北科尔沁沙地和乌兰布和沙漠遥感监测获得的成果。

表2-1 荒漠化调查数字影像计算机判定特征及配色方案*

Table 2-1 TM interpret indicators by computer

编号	名称	配色值	色调	代码	特征
1	公路	51 51 51	暗灰		从影像上判读勾绘,做成两象元宽黑色线状
2	铁路	0 0 0	黑		从影像上判读勾绘,做成三象元宽黑色线状
3	村镇	86 53 13	古铜色	V	道路建筑物为蓝色,行道树暗红色,有街区结构
4	杨树林地	128 0 25	深红	SP AP	杨树林地一般多在沙地或漫滩上,低地盐碱平原分布较少,河谷平原上多为林网。暗红色块状或条状
5	榆树林地	0 67 69	深褐色	PE FE	低平原上有小面积分布,深褐绿色,无规则斑块,多为草地包围 在洪积洪积扇区,多与疏灌草地相接
6	极强度沙化草地	225 225 225	白色	DGO DGOe	白沙丘,无植被痕迹,有沙区阴影,植被覆盖度小于2%。 梅林庙一带的白沙丘,有风蚀,加e
7	极强度沙化草地	223 202 138	浅黄	DG1 DGOe	白沙丘有植被痕迹,植被覆盖度2% ~20%之间。 梅林庙一带的白沙丘,有风蚀,加e
8	极强度沙化草地	253 223 156	浅绿色	PG2 FG2s SG2	半草半沙,植被覆盖度20% ~40%之间。 冲积扇区加s,表示地表水蚀。 南部沙坨草地,或北部沙地草地。
9	轻度沙化草地	90 173 109	绿色	PG3 FG3s SG3	基调为绿色,有轻度沙化斑块,盖度20% ~40% 在冲积扇区加s,表示地表水蚀。 不连续的色调发深的漫沼草地,属SG3
10	正常草地	0 135 64	深绿	FG4 UG4h	连续绿色草地,基本上无沙化点,盖度大于80% 位于低风蚀坑中,盖度大于80%图象为水淹草地
11	疏灌草地	0 93 96	绿褐	FH SH	灌木少于40%,在冲积扇区,绿褐色与草地混交 在中部及南部沙区为绿褐色
12	围栏草场	36 77 12	深绿	FF	在冲积扇区,几何边界明显,为深绿色。
13	灌木林地	92 0 48	深紫红	SU PU	盖度40%以上,灌木林,深褐色斑块,不多见。
14	树林草场	0 63 23	深绿	PT ST	盖度小于40%榆树树林地,分布在中北部,深绿色结构,面积很小。
15	盐碱裸地	148 202 199	浅灰	PG1n	盖度小于20%,盐碱草地,为灰白色不规则斑块
16	盐碱草地	0 160 221	兰灰	PG2n	盖度小于20%,盐碱草地,为青色不规则斑块
17	湿地灌丛	197 0 103	粉紫色	PG	分布在东北盐碱地低矮植被,粉红色。
18	河谷农地	196 11 90	红色	AAw	有林网加w,为连片的深红色,在奈漫旗不连片
19	沙坨农地	255 235 0	橙黄	SAw	有林网加w,因沙地反射,为橙黄色。
20	平原农地	229 96 0	橙红	PAw FAs	有林网加w,东北部农区,轻度盐碱化,作物长势不均,橙红色
21	湿地	83 0 93	深紫色	PGm	永久性积水草地,位于通榆县西北部自然保护区
22	草地闯田	239 156 153	粉灰	PS SS FS	草地闯田是指在草地中夹有临时性农地,农地比例为20% ~50%的地块划为闯田,20%以下划为草地,60%以上划为沙坨农地。平原闯田PS,沙地闯田SS,冲积扇闯田FS
23	河湾临时积水区	163 91 146	紫红	T	河湾临时积水区,苇草,色调紫红,有黑色水体镶边。

* 张玉贵,1999,三北防护林及荒漠化遥感监测理论研究和技术应用

表2-1说明：表中代码一览反映荒漠化土地分类体系，第一个字母代表土地单元（P—东北盐碱平原区，F—洪积扇区及山间峡谷，A—河流冲积平原，S—起伏平缓沙质土地，D—起伏较大，植被较少沙丘，U—风蚀坑，多指奈曼旗及库仑旗沙区风蚀坑，C—沙区中低地，T—临时性积水区，W—水域及河滩，M—石质山区，L—黄土丘陵山地）；第二个字母代表土地利用类型（A—永久性农地，U—灌木林地，H—疏灌草地，F—围栏草地，E—榆树林，S—草地上的闯田，G—草地，分5级，T—疏林草地，P—榆树林，V—村镇，），第三个字母表示附加特性（n—有防护林的农地，e—强风蚀草地，s—强水蚀草地，h—地下水位在1.25米以内的草地，n—盐碱土）。

二、监测指标体系

由于荒漠化问题涉及面广，所以常采用综合指标体系，具体包括以下几方面的内容：

土地利用类型：全国荒漠化报告将荒漠化地区土地利用类型分为6类：即耕地、草地、林地、居民区及工交用地、水域、暂未利用地。相应的退化表现为耕地退化、草地退化、森林退化、草场退化等。

荒漠化类型：根据荒漠化成因，划分为风蚀荒漠化（沙漠化）、水蚀荒漠化（水土流失）、盐渍荒漠化（土壤盐渍化），冻融荒漠化。

气候因素：温度、降水（包括雨量、强度、雨型）、大风及风沙日数、沙尘暴发生频率、地表辐射率、干燥度等。

土壤因子：土壤剖面、土层厚度、机械组成、土壤侵蚀状况（侵蚀类型、侵蚀模数等）、理化性状、养分含量（包括有机质及矿物质含量）、土壤含盐量及其种类、地下水位及灌溉水质。

植被因子：植被组成、建群种高度、植物种类及其数量、多度、植被覆盖度、生物产量（包括土地生产力、产草量等）。

地形地貌因子及地表状况：沙化类型及所占比重、沙丘大小、沙丘高度、活动程度、沙化土地年扩大比例、地形坡度、平均坡长、沟壑密度、地貌形态组合状况。

社会经济因素：包括产业构成、土地利用状况、土地利用强度（土地利用率、土地垦殖率、土地生产力水平、作物产量）、载畜量、人口密度、人均受教育年限、人均收入、群众生活用燃料结构及其来源。

人为因素：在分析土地荒漠化中具有特殊作用，包括：土地资源的不合理利用（如草原开垦），植被资源的不合理利用（包括乱砍滥伐、乱采滥樵、过牧等），水资源的不合理利用（包括过量引水造成流域水环境恶化、大水漫灌造成盐渍化）。间接的有人口结构、生产总值、人均产值、消费水准等。

三、信息源选用

考虑现有影像资料来源及经济条件，一般地区可采用的信息源包括：以往黑白航空像片、卫片（包括TM、国土资源卫星以及SPOT等）、相应比例尺地形图及以往研究成果图件（包括土地利用现状图，森林分布图及宜林地立地条件类型图，草地类型图，沙漠化动态图）、研究报告等。

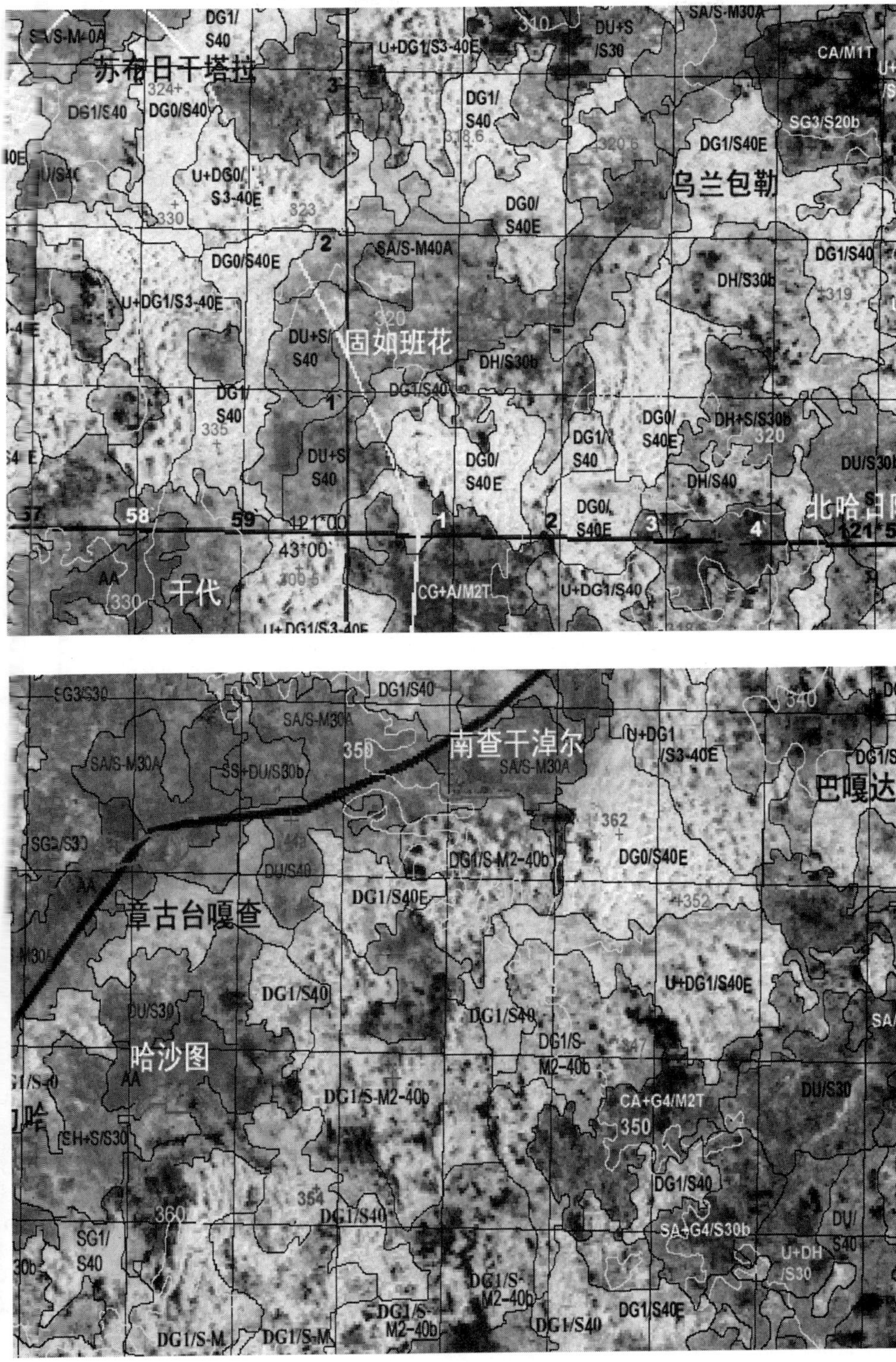

图 2-1　荒漠化评价目视解译与数字卫片计算机屏幕勾绘

Fig. 2-1　Desertification assessment by digital image computer screen drawing and eye clssification

四、系统软硬件配置及结构

硬件环境：工作站或微机。一般要求一台高分辨率彩色显示器，绘图机一台 数字化仪一台，打印机(图 2-2)。

荒漠化监测系统的软件结构：荒漠化监测信息系统软件主要由两类构成，一类为管理软件，一类为应用软件。管理软件和应用软件均呈独立的程序体，由主控模块程序串接为一个整体，用户使用时，采用菜单提示的人机对话方式，屏幕显示各种功能模块，按屏幕菜单提示输入相应键码即可逐级运行工作。图 2-3 所示为系统的总控制模块程序图。

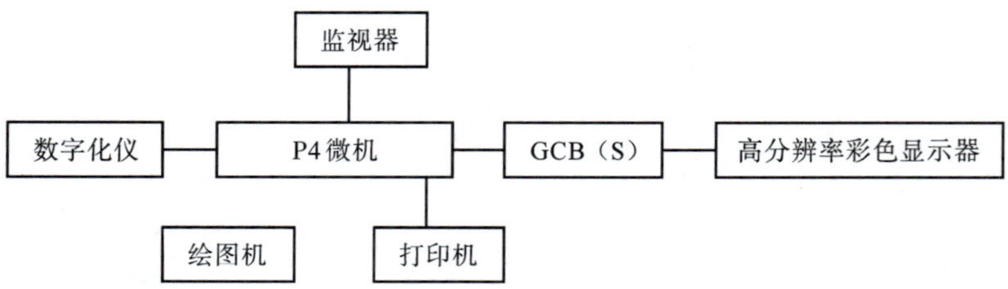

图 2-2 荒漠化监测系统的硬件组成

Fig. 2-2 Hardware system of desertification monitoring

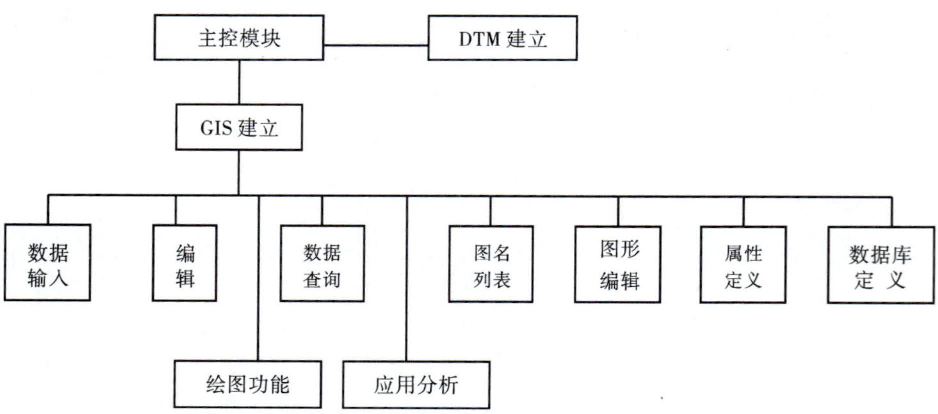

图 2-3 主菜单控制模块内容

Fig. 2-3 The main menu of the control plot

另外，抽样方法在对全国荒漠化评价过程中的确具有节省经费和时间效果(1999 年完成第二次全国荒漠化监测就是利用抽样方法，以省为单位进行的)，但是，随着《防沙治沙法》的进一步实施和领导干部任期责任制政策的推行，抽样方法将面临无法克服的缺陷。

第三节 荒漠化典型定位监测

一、目的意义

作为全国荒漠化监测体系的重要组成部分的典型定位监测，主要目的是为全国荒漠化监测提供一定地区更为详细的土地荒漠化成因、过程、发展动态、治理成效等基础数据，为分析全国荒漠化提供基础支撑，同时，也是开展国际交流与合作的需要。

二、全国荒漠化定位监测站的主要任务

(1)完成典型地区荒漠化定位监测任务，报送监测成果和研究报告。

(2)进行荒漠化评价指标观测。

(3)完成典型区植被变化动态(与演替)研究及荒漠化研究报告。

(4)提交典型区荒漠化发展变化机理，建立荒漠化演变趋势模式报告。

(5)配合(协助)当地政府有关部门，提供防治荒漠化技术咨询。

三、定位监测建站建设

(一)具有区域代表性

就全国而言，根据全国荒漠化定位监测统一部署和要求，每一定位监测点应具有一定的代表性，可以代表某一特定监测区域。以宁夏盐池县为例，其北部与毛乌素沙漠相连，南部靠黄土高原，在地理位置上属于一个典型的过渡地带。即：自南向北地形上是从黄土高原向鄂尔多斯台地的过渡地带，在气候上是从半干旱区向干旱区的过渡地带，在植被上是从干草原向荒漠的过渡地带，在资源利用上是从农区向牧区过渡地带。这种地理上的过渡性造成了本县自然条件资源的多样性、苛刻性和脆弱性特点。地形方面，可以代表黄土高原向鄂尔多斯台地过渡地带；气候上是从半干旱区向干旱区的过渡地带，在植被上是从干草原向荒漠的过渡地带，在资源利用上是从农区向牧区过渡地带。因此极具区域代表性，可以代表我国北方生态脆弱带；同时盐池区具有各种利用类型的土地，满足监测要求。

(二)具备基本交通、通讯及生活条件

在当今社会经济条件下，定位监测站应具备基本交通、通讯及生活条件，否则监测工作难以顺利开展。仍以宁夏盐池县为例，经野外考察，监测点生活基地设在盐池县机械化林场内，该场距离县城 4 千米，紧邻省道，交通便利，各项设施满足交通、通讯及生活需求，便于开展监测工作。

(三)具有良好的综合社会环境

总结以往定位观测站(点)建设经验，良好的社会环境对于长期定位监测极为重要。否则，往往造成设备丢失或定位点损坏等，使得监测难以长期进行。因此，在建站过程中，必须考虑周遍综合社会环境，否则，定位监测难以长期进行。

依据上述要求，在经现场踏勘、座谈交流并结合以往工作基础，报上级部门同意，最终选定定位监测站。

四、荒漠化定位站主要监测内容

1. 土地利用状况(结构)变化情况

考虑到土地利用对荒漠化的影响，因此土地利用状况监测是荒漠化监测的主要内容之一。定位监测就是对区域内土地利用情况进行调查统计，如对监测区内耕地、林地、草地、居民及工矿交通用地变化情况进行调查。

2. 社会经济状况

具体包括调查当地土地面积、人口及密度、总产值及各业产值、农牧民收入状况、畜牧业状况(数量、结构)、农林牧各业产量、载畜量(理论与实际)、农村能源状况等。

3. 候变化状况

主要包括：温度、降水(包括雨量、强度、雨型)、大风及风沙日数、沙尘暴发生频率、地表辐射率、干燥度等。

4. 植被变化状况

调查监测区内植被的分布、组成、生物量、多度、盖度等因子；

5. 土壤状况

土壤机械组成、水分、养分、盐渍化变化状况，地表形态；

6. 与荒漠化有关的主要社会经济活动

包括经济、生产、交通等各种人为造成土地荒漠化的活动。

7. 荒漠化治理状况

对现已实施或正在实施的治理工程及所采用的治理措施、治理方式和效果进行评价分析。

五、定位监测方法

1. 定位监测点的布设

在选择好监测区域后，根据自然条件特点、土地类型分布等因素，在监测区域内选择具有代表性的典型样区，在典型样区按荒漠化土地类型设固定样方进行监测。依据全国荒漠化监测技术规程，所设固定样地(样方)应包括当地主要土地利用类型，采用 GPS 定位，并在地面布设永久性标记。样区中心打水泥桩。必要时可采用铁丝围拦。

2. 定位监测内容及方法

(1)植被调查

草地调查：主要通过样方调查方法，调查内容包括：生境条件(地形、土壤、地下水位等)、群落名称、多度、密度、覆盖度、产草量、有害植物种类等。

灌木样地调查：调查内容：平均灌高、平均地径、年龄(按平均地径植株根茎处的年龄计算)、密度、生物量(包括地上部分生物量、地被物调查、地下部分生物量)。

乔木林地调查：标准地调查包括：每木检尺、测树高、标准木选取、疏密度及郁闭度、蓄积量，通过解析木分析林木的生长状况。

农地调查：调查研究不同土壤上栽培作物的种类、品种、长势、长相(包括株型、分蘖或分枝数目、叶色、高度、发育及缺素现象)、根系发育及分布情况、结实性状和产量等。

(二)土壤及其他相关调查

土壤物理性状的测定：测定土壤的比重、容重，土壤的各种孔隙度，持水性能(包括毛管，非毛管持水量，最大、最小持水量等)，最大吸湿性和凋萎系数，土壤透水性能等，均按土壤常规法测定。

土壤化学性状的测定：包括全 N、全 P、全 K、有机质、水解氮、铵态氮、速效磷、缓效钾、速效钾、$CaCO_3$ 含量和 pH 值等。

风蚀状况观测：选定不同土壤及地貌类型，测定土壤风蚀风积状况。观测项目包括地表风蚀状况(采用地面打桩或设置集沙槽方式长期观测)、流动沙丘移动速度(地面固定打桩方式)，使用 GPS 定位以便长期进观测。

水文：测定不同土地类型的土壤水分变化情况；利用机井观测监测区地下水位和水质变化情况。

3. 气象观测及以往气象资料收集

根据经费支持状况，可以考虑建立永久性气象站，所建气象站应为自动气象站，主要观测因子包括气温、风、沙尘暴、降水等因子。以往气象资料主要从当地气象站收集，主要因子包括：降水、温度、风及各种灾害性天气。

4. 与荒漠化有关的主要人为活动状况调查

包括荒漠化治理状况、退耕还林还草状况、禁牧以及其他治理措施及其治理效益等方面内容。

5. 社会经济状况调查

对监测区的人口、生产力、工业产值、人均粮食、财政收入等因子进行详细的调查。

第三章 植被动态学方法及其在荒漠化监测中的应用

第一节 植被动态学研究现状

一、植被动态的概念及研究内容

植被动态(Vegetation dynamics)是植被生态学研究的主要内容之一。19世纪后期以来，植被动态研究已由萌芽和发展阶段而逐步走向成熟(Mcintosh，1981；丁圣彦，2004)。植物群落动态这一概念非常广泛，它包括植物生活的不同方面，但主要是关于群落的形成、变化、演替及进化(王伯荪，1987)。一般认为植被动态是指植物群落随着时间的推移，群落在外因和内因的双重作用下发生各种变化的过程，这个过程有的是可逆的，有的是不可逆的。这里的外因主要是指群落外部的影响因子，如气候、外来种入侵、人为活动等；内因主要是指植物群落内部种群生长过程的竞争，也即是生物因素。就森林植被而言，植被动态是指一个地区的森林植被、动物区系、土壤和小气候等，随着时间的推移而发生的各种变化过程，这种变化在许多森林内呈现为一种循环的变化模式(Shugart，1984；Oliver，1990；桑卫国，1998)。变化和发展是植被的基本属性，离开对植被动态的研究，就不可能深入地认识植被，也不可能正确地管理植被和合理地利用植被(宋永昌，2001)。

植被动态主要包括演替(succession)、波动(fluctuation)、更新(regeneration)和群落的边缘效应(edge effect of community)等内容，而演替是植被动态研究的重点和核心，国内外关于植被演替方面的研究资料已相当丰富。波动较演替、更新等研究工作开展得晚，且相关研究较少，本书所涉及的内容多是指植被波动方面的研究。

(一)植被演替

植被动态因其含义广泛，取代了演替，而演替等同于长期的植被动态(Knapp，1986；Golley，1977；Margalef，1968；安树青，1998)。目前，演替仍是植被动态研究的核心内容。

演替(succession)一词是John Adlum首先提出的，法国学者Dureau de La Malle第一个真正地在生态学的意义上使用了“演替”(succession)一词(邬建国，1992)，Thoreau给演替赋予了明确的定义(田汉勤，1990)。Clements(Clements，1916；Clements，1928)和Gleason(Gleason，1927)则是第一批对演替过程及其理论体系进行详细研究的学者，尤其是前者具有卓越的见识，创造性地提出了演替顶极的概念(climax)和大量关于演替的专业术语并创造了单元顶极学说(Mono-climax Theory)。主要论点包括：①植物群落演替可以分为原生演替和次生演替两类。每类又可分为旱生和水生演替甚至更细的类型。②任何一类演替都经过迁移、定居、群聚、竞争、发展、稳定6个阶段，最后达到和该地区气候条件保持最协调、最平衡状态的植被，即演替的群落顶极。③顶极群落如遭到破坏，演替又会按上述6个阶段重新发展再次恢复。④在同一气候区内，无论演替初期条件多么不同，植被的反应总是趋向减轻极端情况的方向发展，从而使得生境适合于更多的植物生长。⑤同一气候区内，也会出现由于地形、土壤或人为等因素所决定的稳定群落，称为前顶极、亚顶极、分顶极、先顶极和后顶极。⑥演替的方向，是由植物改变生境的影响而决定，只可能是前进的，而不可能是后退的（彭少麟，1989）。Clements的单元顶极学说演替理论的创立，大大促进了对演替的研究，使植被动态学理论有了实质性的进展，并使其始终成为植被生态学研究的热点。

虽然Clements的演替顶极理论对植被动态学理论与实践上具有重要意义，但随着相关学科的不断发展，许多学者感到演替顶极理论的局限性，一批学者试图重新解释演替机理。Whittaker（1951，1953）批评了Clements基于演替有序的系统发育分类的方案，提出"顶极群落格局假说（Climax pattern hypothesis）"，认为"顶极群落是适应于自己特殊环境或生境的稳定状态的群落""是种群结构、能量流动、物质循环以及优势种替代的稳固状态，它不同于演替阶段的群落，在顶极群落中种群的相互作用是围绕平均值的波动，因此是多格局的，可以排序研究的"（彭少麟，1989；周灿芳，2000）。Odum（1969）创新了关于Clements学派关于植被演替理论的动态观点，形成了新Clements学派（New Clementstian）（Miles，1979）。无论是Whittaker的顶极群落格局假说理论还是Odum通过创新的Clements关于植物演替理论的动态观点而形成的新Clements学派，都强调了演替过程中群落本身的作用，认为群落的发展是有序的过程，可以排序研究。新Clements学派主要包括以下观点：①演替是群落发展的有序过程。包括物种组成和群落过程随时间的改变；它有规律地向一定方向发展，因而是能够预测的；②演替是由群落引起物理环境改变的结果，也即虽然物理环境决定演替类型、演替速度和程度，但是演替是受群落本身所控制的；③演替与稳定的生态系统为发展顶点，即在稳定的生态系统中，如以单位能量表示，就有最大的能量和生物间共生功能。

当前，随着科学技术的不断发展，演替理论也得到进一步完善，关于植被演替的文献不断涌现。分别从植被演替类型（Whittaker，1989；Matthews，1992；Tsuyuzaki，1987；Song，2001；Grootjans，1998；刘加珍，2002）、演替过程的影响因子（Del Moral R，1993；Song，2001；Grootjans，1998；De Raeve F，1989；Manfred Wanner，2003；Noble，1980；Svoboda，1987；Poschlod，1996；许中旗，2005）、植被演替模式（Svoboda，1987；Matthews，1992；Read，1981；Connel，1979；刘钟龄，1998；阎传海，2005；柳新伟，2006）等方面进行了深入的研究，有力的推动了演替理论的完善与发展，对植被恢复起到积极的作用。

（二）植被波动

植被波动（Vegetation fluctuation）是植被动态学研究的重要内容之一，对人类认识森林及草地景观动态及开发有着重要的意义（Knapp，1986；Miles，1979；Odum，1981；彭少麟，1996）。对于植被波动的定义，较早就有植物生态学家在其开展的研究工作中进行了论述。Rabotnov认为：气象、水文以及对植物生长重要的其它要素，每年均是特殊的，由于这种特殊性，植物群落总是逐年或逐季地发生变化，植物群落的这种动态形式称为波动（Rabotnov, 1955）。Barkman 及 Braun-Blanquet 认为只表现在种的数量上不同（如盖度、频度、多度、生物量等）的群落动态叫做波动（Barkman, 1958；Braun-Blanquet, 1964）。彭少麟从森林群落的角度认为植被波动是森林景观动态的一种表现形式，是由于植物的遗传因素和群落中符合生态因子逐年逐季的变化，引起群落在固有的季节性和逐年性变化上的差异，波动不改变群落的总体物种组成和群落的性质（彭少麟，1993）。本文认为植被波动就是指在短期或周期性的气候或水分的影响下，植物群落出现逐年或逐季的变化，这种变化形式就称为波动。波动的特点表现在群落逐年或逐季变化方面的不定性、变化的可逆性以及在典型情况下的植物区系成分的相对稳定性。植物群落在波动中，其生产力、各成分的数量比例、优势种的重要值以及物质和能量的平衡方面也都发生相应的变化（任海等，2001）。

对于植被波动的研究，主要集中在植被波动的类型（Knapp，1986；任海等，2001，彭少麟，1993，1996；Tamm，1950；Korchangin，1968；Ipatov，1969；Haenrich，1976）、特征（Knapp，1986；彭少麟，1993；彭少麟，1996）、波动产生的机理（Knapp，1986；彭少麟，1993；Albertson，1953；Coupland，1960）、植被波动强度（彭少麟，1993）等诸多方面，本书将有专门的章节对植被波动及波动率问题进行探讨。

（三）植被更新与边缘效应

关于植被更新（Vegetation regeneration）已有大量的研究，但至今仍未有公认的定义，有些学者认为更新与演替在某种程度上是同义语。王伯荪指出：更新是当群落内某种群的个体死亡后，能由同一种群的新个体所替代的过程（王伯荪，1987）。彭少麟也指出了更新与演替的不同含义，他认为，群落演替的最基本点是指一个群落类型为另一个群落类型所取代的过程，而更新的基本点是不改变群落性质的新老个体的更替，由枯倒木和间伐、择伐等引起的林隙内的新个体的生长，均属群落的更新。所以，他定义森林群落的更新是："指由植物个体衰老枯倒或自然的和人为的因素造成的林隙中，由原种群或相同性质的种群的新个体所更替的动态变化过程"。这个过程是以不影响群落的总体宏观结构和性质为标志（彭少麟，1996）。植被更新的研究主要包括以下几个方面：①通过研究种子雨和种子库的动态、种子的萌发、幼树生长的时空动态来研究植被的更新（彭军，2000；彭军，2000b；陶建平，2001；张笃见，1997；宋会兴，2001；陈章和，1995；Kauffman，1991；Khan，1986；Stocker，1981；Negrelle，1995）；②通过研究林窗的形成、特征及其在森林动态中的作用来研究群落的更新（臧润国，1998；张一平，2001；王周平；2001；包维楷，2001；李旭光，1997；陈波；2002）；③通过对常绿阔叶林主要树种更新植株的生理生态特性的研究来解释群落更新的原因（丁圣彦，1999；丁圣彦，2004）。

植物群落边缘效应（Edge effect of plant community）是指在两个不同性质的群落过渡区域（ecotone），表现出明显的与所相邻的群落有所不同的特性，即是生态学意义上的边缘效应。这一现象是由 Beecher 在研究群落的边缘长度和鸟类种群的密度关系时首次提出来的。事实上，边缘效应是极其普遍的自然现象，但因多数植物生态学家致力于群落本身的生态学研究，往往忽略了边缘效应的存在，因而迄今有关这方面的研究报导尚不多见。20 世纪 80 年代以后边缘效应的研究逐渐有所发展，如王如松、马世骏对边缘效应及其在经济生态学中的应用的研究（王如松；1985）；王伯荪、彭少麟对鼎湖山森林群落边缘效应的分析（王伯荪，1986）；奚为民等对四川缙云山亚热带常绿阔叶林林窗边缘效应的研究（奚为民，1993）。在解释边缘效应机理的研究方面，许多学者提出了独到的见解。王如松等提出了解释边缘效应的 3 种理论：加成效应、协合效应和集肤效应理论（王如松；1985）。王伯荪、彭少麟在实例研究的基础上，指出边缘效应是多方面的综合过程，从而提出了边缘效应的生态位分化理论（王伯荪，1986）。

二、植被动态学的研究方法

植被动态的研究方法总的来讲可分为 3 类：一是同一样地（即固定样地）上的研究；二是群落的空间序列（空间代替时间法）；另外一种方法是植被指数法，这是近年来随着遥感技术的发展而兴起的一种植被动态学研究的一种新方法，也即景观（宏观）尺度上的研究方法。

（一）固定样地监测法

同一样地上的研究法具体包括如下几种研究方法：①建立永久固定样地，连续、反复观测；②围封以后的动态观测研究；③历史和资料记录和现有样地调查结果的对比研究；④从固定样地植物群落寻找证据（Miles，1979；Knapp，1986；彭少麟，1994）。固定样地研究法主要用于种群动态研究（王伯荪，1987；李根前，1994；彭少麟，1995；蔡飞，1997；王巍，1999；徐学红，2005）、群落结构动态研究（彭少麟，1987；彭少麟，1998；周先叶，1999；沈泽昊，2000；喻理飞，2002；史军辉，2005）等方面。

（二）时间序列法

第二种植被动态研究方法，即空间代替时间法，是植被动态研究，尤其是植被演替研究中常采用的方法（彭少麟，1985；蒋德明，1997；曹成有，2000a；曹成有，2000b），对无长期固定生态监测站点的研究人员来说尤为一种有效的研究手段。

（三）植被指数法

随着遥感技术和计算机科学的不断发展，植被指数（Vegetation index）逐渐成为草地植被动态监测的重要的技术手段。单纯的固定样地监测虽具有典型性和代表性，但很难反映植被变化的宏观趋势，而且由于受人力、物力的限制很难做到大范围的定位观测；基于遥感数据的宏观监测具有宏观性和广泛性，而且随着卫星遥感技术的发展，可用于植被动态监测的遥感数据也越来越多，如 NOAA/AVHRR、MODIS、MSS、TM、ETM 等遥感数据已经很容易获取；同时，可用于植被动态监测的植被指数也越来越多，如 NDVI、RVI、SAVI、MSAVI、DVI、RDVI 等。其中以 NDVI 最具有代表性，其运用也最广泛。目前，国内外关于 NDVI 在植被动态学研究中的应用逐渐广泛，涌现出了大量的文献（Timothy，1999；Hielkema，1986；Taylor，1985；Paruelo，1994；Prince，1986；Merrill，1993；Saltz，1999；Girard，1990；Myneni，1998；Di，1994；Eklundh，1998；王秀珍，1995；黄敬峰，2000；牛志春，2003）。

第二节　盐池县植被动态研究方法

根据本章第一节关于植被动态学研究方法的概述，植被动态学方法可分为3类：一是固定样地定位研究(也有学者称之为同一样地上的研究)；二是群落的空间序列(空间代替时间法)；三是植被指数法。盐池县草地植被动态的研究，本书采用了固定样地观测法及植被指数法，即：同一样地上的研究和植被指数法。

一、固定样地定位研究

外业调查样地于2001年开始布设，此后逐步完善。每年的植物生长季节(6~8月)进行固定样地的植被、土壤、风蚀状况等调查。本书的外业调查时间为2002~2005年，历时5年。此外每年均收集气象、社会经济状况、土地利用现状等基础资料。

(一)固定样地选择及布设

依据不同生境类型、不同植被保护及恢复措施在宁夏盐池布设典型样地，同时在样地布设过程中还依据交通便利的原则作了适当调整。样地类型分为：天然草地、退耕地、撂荒地、湿地、人工封育草地、固定沙丘、林下草地等。天然草地是依据人为干扰程度进行选择，这一类型样地较多，主要布设区域有高沙窝、无量殿、青山乡、猫头梁、鸦儿沟等地。天然草地为自然恢复状态下的草地植被类型，人为活动从轻度到重度不等，其中鸦儿沟等地人为活动如放牧、农耕等较为频繁，无量殿等地人为干扰较小；退耕还草地选择2001年以来退耕还林(草)地，主要样地有柳杨堡下滩村、花马池镇四蹲子村、青山乡、惠安堡等地；撂荒地根据不同撂荒时间选择花马池镇无量殿、柳条井以及高沙窝等地。盐池撂荒地多是2001年实施退耕还林工程以后逐步撂荒，目前多未再耕作；湿地多隶属于宁夏哈巴湖自然保护区，其中四儿滩、哈巴湖、二道湖、骆驼井等湿地面积较大，是草甸植被芨芨草群落和沼泽植被盐爪爪群落的主要分布区域。湿地为人工保护状态下的天然沼泽湿地，湿地盐碱化程度较高，主要生长耐湿、耐盐碱植物。此外，由于地处半干旱区，湿地季节性积水特征明显，积水面积受降水量影响较大；人工封育草地选择盐池柳杨堡人工封育示范区、高沙窝老项目区、柳条井等地。柳杨堡封育时间较早，1996年开始封育，2000年底全面封育，高沙窝老项目区封育区时间更早；固定沙地选择采取固沙措施的沙化草地，其中城南无量殿北、沙边子等地采取了典型的生物固沙措施，包括种植人工乔木林、灌木林等。2002－2005年间布设固定样地46块，其中高沙窝、鸦儿沟、青山乡、柳条井等每个区域布设5块，无量殿布设4块，其它各地分别布设样地1块。固定样地布设示意图见图3-1，样地地理坐标及其它信息详见附表1。

(二)植被调查

采用样方和样线相结合的方法，选择植物生长季节(6~8月)进行外业调查，调查内容包括：植物名称、株数、盖度、高度、生物量等。样方法适用于样地范围较小，地形平坦，生境梯度变化不大的样地。采用样方法的样地有：天然草地、退耕还草地、撂荒地、草原带固定沙地等。根据不同植被恢复及保护措施布设样地，每种类型选择样地至少两块以上，其中天然草地类型样地较多。样地规格为200m×200m~500m×

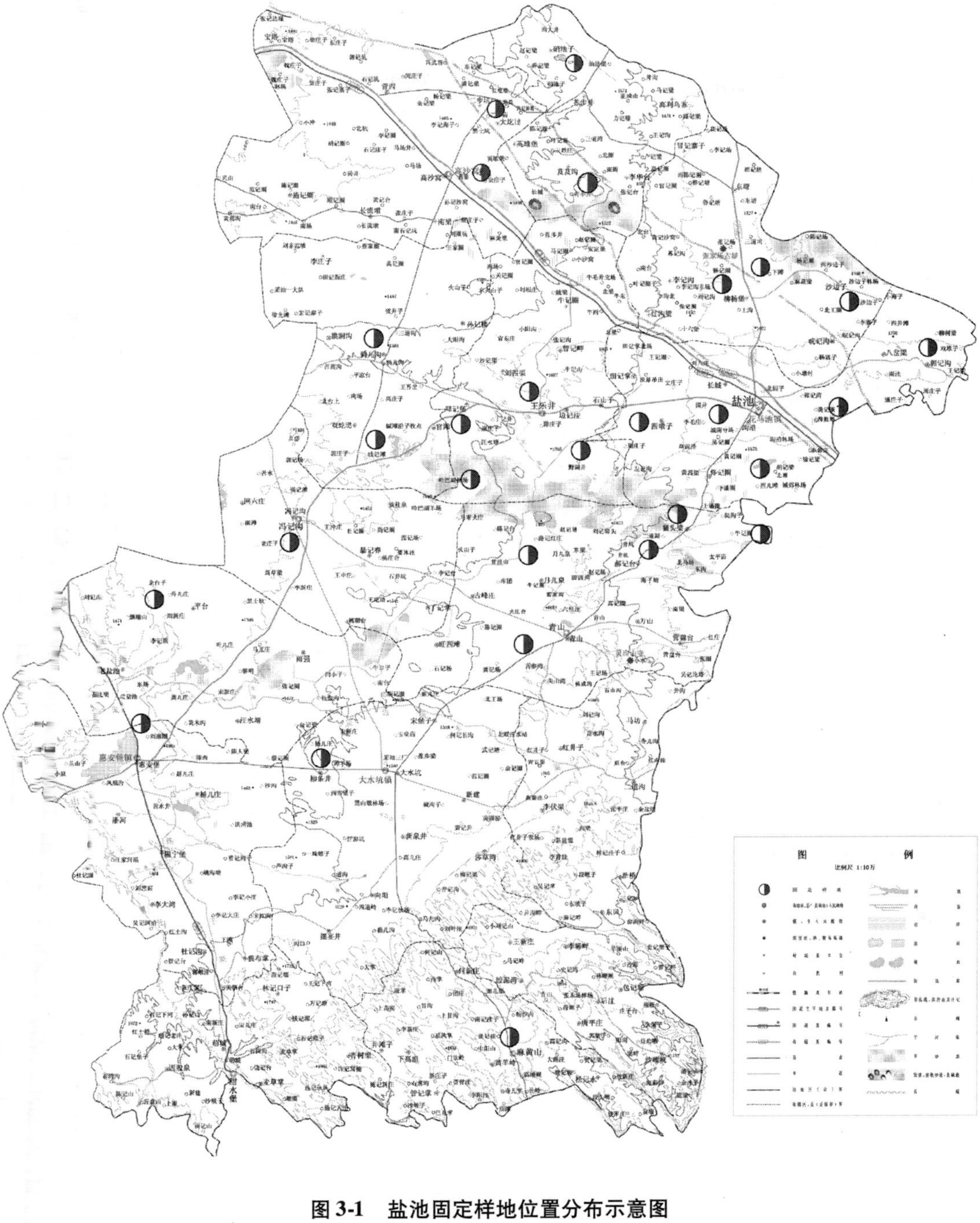

图 3-1　盐池固定样地位置分布示意图

Fig. 3-1　the diagrammatic sketch of sample-plot distribution in Yanchi

500m 不等，每块样地随机布设 10 ~ 20 个样方；样线法适用于样地范围大，生境梯度变化明显的样地，本次研究采用样线法的样地类型主要有柳杨堡人工封育草地、四儿滩湿地等。湿地生态系统按湿地 - 草原的生境梯度取样，平均每 50m 布设一个样方；人工封育草地按照封育区外围 - 边缘 - 核心的梯度取样。研究区以多年生草本植物或半灌木为主，样方多取 1m × 1m 的规格。从 2002 年开始外业调查工作，每年调查样方 600 个左右。

(三) 土壤调查

土壤剖面调查：土壤采样贯穿整个样方调查过程，与植被调查同步进行，包括环刀取样(分 0 ~ 10cm、10 ~ 20cm、20 ~ 30cm 等 3 层)、分层采样(分为 0 ~ 30cm 和 > 30cm 两层)、地表"S"形取样。

土壤理化性状测定：环刀采回的土样，采用烘干法分别测定土壤的容重，含水量等；分层采样(0 ~ 30cm 和 > 30cm)及地表"S"形取样取回的土样送土壤实验室进行化学性状分析。测定内容包括全 N、全 P、全 K、有机质、速效氮、速效磷、速效钾、pH 值、土壤质地等。

(四) 气象资料收集

根据经费支持状况，可以考虑建立永久性气象站，所建气象站应为自动气象站，按气象采集标准随时进行观测。在经费不支持的情况下到所属县气象站收集。观测收集的数据按月记录。主要观测因子包括月均温、极端最低气温、极端最高气温、风速、沙尘暴、降水等因子。以往气象资料主要从当地气象站收集，主要因子包括：降水、温度、风速及各种灾害性天气。

(五) 社会经济状况调查

对监测区的人口、生产力、工业产值、人均粮食、财政收入等因子进行详细调查(主要根据当地统计局资料)。

(六) 数据处理

(1) 基础数据处理与分析

采用 EXCEL 对每年的草地植被建立相应的数据库，同时按不同植被恢复及保护措施建立相应的逐年草地植被数据库。运用 SPSS 等统计软件对草地植物进行重要值计算，计算公式如下(戈峰，2000；云南大学生物系，1980；张金屯，2004；吕宪国，2005)：

$$\text{相对多度} = \frac{\text{某一种多度}}{\text{全部种的多度之和}} \times 100 \quad (3\text{-}1)$$

$$\text{相对高度} = \frac{\text{某一种平均高度}}{\text{所有种的平均高度之和}} \times 100 \quad (3\text{-}2)$$

$$\text{相对盖度} = \frac{\text{某一种盖度}}{\text{所有种的盖度之和}} \times 100 \quad (3\text{-}3)$$

$$\text{相对生物量} = \frac{\text{某一种生物量}}{\text{所有种的生物量之和}} \times 100 \quad (3\text{-}4)$$

$$\text{相对频度} = \frac{\text{某一种频度}}{\text{全部种频度之和}} \times 100 \quad (3\text{-}5)$$

$$\text{频度} = \frac{\text{某个种出现的样方数}}{\text{所有调查的样方数}} \times 100 \quad (3\text{-}6)$$

草地植物重要值的计量多数学者采用相对盖度、相对密度等进行计量，很少采用相对生物量来进行重要值的计算，但采用现场称重的生物量误差较小，调查小组间的标准也较为统一，故本书植物重要值的计量加入相对生物量。综合考虑植物生物、生态学特性，同时结合研究区生境特征，本书选用5个植物特征值进行重要值的计量：

$$\text{重要值}=\frac{\text{相对生物量}+\text{相对盖度}+\text{相对多度}+\text{相对频度}+\text{相对高度}}{5} \tag{3-7}$$

重要值计算完毕后，以样方为行、植物种为列在EXCEL中建立重要值矩阵，形成数据库。

(2)群落分类与排序方法

TWINSPAN数量分类过程中，数据庞杂容易造成分类结果混乱从而导致结果不能真实反映研究区群落类型。因此，对2006年外业调查的634个样方按照样地进行筛选，方法是按照样地类型如封育、天然草地、湿地、撂荒地、退耕地等，根据典型性、代表性以及均匀分布等原则进行筛选，此外筛选过程中结合地形地貌、生境特征等进行。选出139个典型样方进行群落分类，同时剔除频率为1和2(仅在1个或2样方出现)的植物种。以重要值为数量特征指标将筛选出的66种植物和139个样方构成66×139的矩阵，采用双向指示种分析方法(Two-way Indicator Species Analysis，TWINSPAN)进行植物群落分类。TWINSPAN分类方法是国际通用的一种等级分类方法，能够同时完成样地和种的分类，在植被生态学中已被广泛采用，具体方法可参见相关文献(张金屯，1995；张金屯，2003)。排序采用国际上最流行的除趋势对应分析法(Detrended Correspondence Analysis，DCA)(张金屯，1995)。分类和排序分别采用WinTWINS程序和CANOCO软件包中的DCA程序完成。

关于草地植被重要值计量指标的选取，本书综合考虑植物生物、生态学特性，同时结合研究区生境特征，重要值计算公式选用公式(3-7)。

(3)种群分布格局测度

测度植被群落种群空间分布格局的数学模型比较多，在实际应用中，不同模型有其适应性和优缺点。为避免单一模型的片面性，一般研究采用多个指标进行测度，这些格局分布模型有：方差/均值比率法($S^2/\bar{x}$)、负二项参数(K)、扩散系数(C)、Cassie指标(CA)、丛生指标(I)和聚块性指标($m*/m$)等(周纪纶，1992；杨持，2003；周国英，2006；江洪，1992；尹爱国，2006；张文辉，1998)，格局分布模型数学表达式及含义如下：

①方差均值比率法($S^2/\bar{x}$)

$$\bar{x}=\sum_{i=1}^{N}(x_i)/N(i=1,2\cdots N) \tag{3-8}$$

$$S^2=\sum_{i=1}^{N}(x_i-\bar{x})^2/(N-1) \tag{3-9}$$

式中，N为样本数(本文系指样方数)，x_i为每样本的个体数。根据分布定义，$S^2/\bar{x}=1$，则完全遵照Poisson分布；$S^2/\bar{x}>1$，则种群趋于集群分布；$S^2/\bar{x}<1$，则种群趋于均匀分布。一般实测与预测的偏离程度可用t检验来确定：

$$t=[(S^2/\bar{x})-1]/\sqrt{2/(N-1)} \tag{3-10}$$

然后以$N-1$为自由度和95%置信度查t分布表，进行显著性检验。

②负二项参数(K)

$$K = \frac{\bar{x}^2}{S^2 - \bar{x}} \tag{3-11}$$

负二项参数(K)值与种群密度无关，K 值越小，聚集程度越大；若 K 值趋于无穷大(一般8以上)，则接近 Poisson 分布。

③ 扩散系数(C)

$$C = \sum(x_i - \bar{x})^2/\bar{x}(N-1) = S/\bar{x} \tag{3-12}$$

N 、x_i同上，C =0，则种群的分布式随机分布，若 C >0，则种群分布为聚集分布。

④ Cassie 指标(C_A)

$$C_A = 1/K \tag{3-13}$$

式中，K 为负二项式指数。若 $C_A = 0$ ，为随机分布，若 $C_A > 0$，为聚集分布，若 $C_A < 0$，则为均匀分布。

⑤ 从生指标(I)

$$I = \frac{S}{\bar{x}} - 1 \tag{3-14}$$

当 $I = 0$ 时，为随机分布，$I > 0$ 时，为聚集分布，$I < 0$ 时，为均匀分布。

⑥ 聚块性指标(m^*/m)

$$\frac{m^*}{m} = 1 + \frac{1}{K} \tag{3-15}$$

式中，m^* 表示平均拥挤度，m 为平均密度，K 为负二项分布值。当 $\frac{m^*}{m} = 1$ 时，为随机分布；当 $\frac{m^*}{m} < 1$ 时，为均匀分布；$\frac{m^*}{m} > 1$ 时为聚集分布。

一般认为用样地获取数据判定种群分布格局类型时，负二项式法根据种群偏离聚集分布的程度(K 值的大小)，方差均值比率法根据实测数据对 Poisson 分布的偏离程度来确定种群的分布格局是有效的。对集聚分布的种群来说，负二项式法比方差均值比率法效果好。而方差均值比率法简单易行，对于工作条件比较恶劣的地区较为方便。因此，负二项式法和方差均值比率法在判别分布格局类型时运用最广(梁士楚，199_；周国英，2006)。

(4)种群生态位测度

① 基于 Shannon-Weiner 生态位宽度计算公式(彭少麟，1994；骆东玲，2003)：

$$B_{SW} = \sum_{j=1}^{r} P_{ij}\log P_{ij} \tag{3-16}$$

式中，B_{SW}为物种的生态位宽度，P_{ij}是物种 i 在第 j 资源位上的重要值占它所在全部资源位上重要值的比例，r 为样方数。

② 基于 Shannon 的生态位计量公式(张林静，2002)

$$B_S = 1 - \sum_{j=1}^{r} P_{ij}^2 \tag{3-17}$$

③ Levins 生态位宽度计算公式(李瑞，2006a)

$$B_L = 1/r\sum_{j=1}^{r} P_{ij}^2 \tag{3-18}$$

B_{i} 为物种的生态位宽度，P_{ij}是物种 i 在第 j 资源位上的重要值占它所在全部资源位上重要值的比例，r 为样方数。

(5)群落结构特征指标

群落组成结构的测定可以通过以下 3 个方面指标来进行(王琳，2004；周国英，2003；常学礼，1997)。

① 多样性指数

由于不同学者的研究目的和对象不同，提出的物种多样性的定义和指标也不同，现有的指标达数十个之多，本书选用丰富度指数和 Shannon-Wiener 多样性指数进行植物多样性测度。

丰富度指数(R)：

$$R1 = S \tag{3-19}$$

$$R2 = (S-1)/\ln N \tag{3-20}$$

Shannon-Wiener 多样性指数：

$$SW = \sum_{i=1}^{S} (-P_i \ln P_i) \tag{3-21}$$

其中：

$$P_i = N_i/N$$

式中　SW 为 Shannon-Wiener 多样性指数，N 为一定区域植物重要值总和；N_i 样方中第 i 种植物的重要值，P_i为重要值比例，S 为样带的植物物种数。

② 生态优势度指数

生态优势度是群落水平的综合数值，它是把群落作为一个整体而把各个种的重要性总结为一个合适的度量值，以表征群落的组成结构特征。Odum (1981) 建议用 Simpson 指数来测定群落的生态优势度。

Simpson 指数：

$$SP = \sum_{i=1}^{S} N_i(N_i-1)/N(N-1) \tag{3-22}$$

或

$$SP = 1/\sum P_i^2 \tag{3-23}$$

SP 为 Simpson 指数，N 为样带植物重要值总和；N_i样方中第 i 种植物的重要值，P_i为重要值比例，S 为区域植物物种数。本文采用公式(3-22)进行植物生态优势度计算。

③ 群落均匀度指数

由于当群落中种数和总个体数一定时，各种的个体数最均匀时具有最大的多样性，因此可以用群落观察的物种多样性与群落可能的最高多样性的比率来测度群落的均匀度。

均匀度指数 E：

$$E = (e^{SW}-1)/(S-1) \tag{3-24}$$

式中　E 为均匀度指数，SW 为 Shannon-Wiener 多样性指数，S 为一定区域植物物种数。

关于上述指数计量公式，多数学者选择种群多度进行计算(彭少麟，1998；周先叶，1999；李全发，2005)。Pielou 等学者建议采用相对盖度、重要值和生物量等作为多样性测度的指标(周国英，2003；Greig-Smith，1983)。重要值作为度量植物种群的重要指标，综合反应了植物物种在群落中的重要程度，故本文全部采用重要值作为度量指标。

二、植被指数法

遥感植被植被指数法在植被动态学研究中的应用是随着遥感技术的不断的发展而得到推广和运用的，具体的遥感数据获取及其处理方法等将在第十一章详细介绍。

第三节 植被动态学方法在荒漠化监测中的应用

一、植被演替原理在荒漠化监测评价中的应用

荒漠化最明显的标志是自然植被长期丧失、水土流失与沙漠化，其发生、发展过程首先表现为植被的退化与丧失，因而沙质荒漠化过程与植被动态的生态学过程是对立统一的矛盾。

对于大范围的荒漠化监测，我国当前主要采用遥感监测技术，同时采用定点监测的方法对遥感监测结果进行检验。而遥感监测技术是20世纪80年代以后才逐渐得到推广运用，因此，荒漠化动态研究受到一定限制。而植被演替原理在荒漠化动态、荒漠化发展阶段划分等领域的运用，弥补了遥感技术在荒漠化动态研究中资料不足的缺陷。

因早期遥感资料的空缺，荒漠化状况的评价受到限制，荒漠化发展阶段划分、动态评价等均受到限制。荒漠化动态最显著的标志是植被动态，因此，可采用植被演替原理对荒漠化发展阶段进行划分，从而进行评价。

目前为止，采用时间代替空间系列的植被演替原理在荒漠化地区生态演变动态研究中得到广泛运用。曹成有(2000)通过时间代替空间系列研究科尔沁沙地不同植被演替阶段植被群落特征及区域荒漠化特征。常兆丰等(2007)通过西汉以来民勤地区植被演替特征探讨区域2000多年的生态环境变化。关文斌(2000)则通过我国东北西部地区植被排序、分类等系列研究来探讨荒漠化关系与植被动态的关系。

荒漠化现状可通过遥感数据获取，而早期荒漠化状况多未有遥感数据，因此，采用植被演替原理对荒漠化发生、发展及不同时期荒漠化特征进行研究有着重要的意义。

二、植被波动理论在荒漠化监测中的应用

随着国家荒漠化治理及监测力度的加大，植被波动理论在荒漠化监测评价中逐渐得到广泛应用。截止目前，国家林业局已经设置20余个全国荒漠化定位监测站，分布在我国中西部广大地区。荒漠化定位监测是遥感监测的补充及检验，有着不可替代的作用。植被波动是指植被在外界因素如气象因素、人为因素的影响下产生的逐年、逐月或逐旬的只表现在数量特征上的变化(李瑞，2007)，这里所指的数量特征包括植被盖度、生物量、群落高度、群落密度等。植被波动不等同于荒漠化动态，但是一定程度上体现了荒漠化动态变化状况。因此，作为遥感监测的补充和校正，荒漠化定位监测站进行植被动态监测，具有十分重要的意义。

近年来，中国荒漠化监测中心采用modis数据对我国北方植被进行逐旬波动状况进行监测。在遥感监测的基础上，结合定位观测资料构建植被波动反演模型，对植被生物量、密度、高度等植被生长指标波动进行测度，为草原、森林、湿地等植被管理决策提供基础资料(刘云芳，2007)。

第四章　盐池县概况及荒漠化状况

第一节　盐池县自然地理概况

盐池县位于宁夏东部，地理坐标为北纬37°04′~38°10′，东经106°30′~107°41′之间。东西宽近100km，总面积6758.56km^2。全县共有16个乡镇，2005年末人口162987人。盐池县北与毛乌素沙地相连，南靠黄土高原，在地理位置上属于一个典型的过渡地带。即：自南向北地形上是从黄土高原向鄂尔多斯台地(沙地)过渡地带，在气候上是从半干旱区向干旱区的过渡地带，在植被上是从干草原向荒漠的过渡地带，在资源利用上是从农区向牧区过渡地带。这种地理上的过渡性造成了本县自然条件资源的多样性和脆弱性特点。因此，盐池县从南到北本身就是典型的农区到牧区的过渡带，选取盐池作为北方农牧交错带的研究区域具有典型性和代表性(图4-1)。

图4-1　研究区地理位置图

Fig. 4-1　Geography position of the study area

一、地形地貌

盐池县主要为剥蚀的准平原地形，海拔在1295～1951m之间。全县地势南高北低，南北明显地分为黄土丘陵和鄂尔多斯缓坡丘陵两大地貌单元。以惠安堡杜记沟、猴布掌和大水坑牛皮沟、谷山塘以及红井子李伏渠、后台为界线，此线以南为黄土丘陵区，以北为鄂尔多斯缓坡丘陵区（也就是该县的毛乌素沙地西南缘）。其中南部黄土区面积约1392km^2，占全县总面积的19.5%，海拔高度在1600～1800m之间。北部鄂尔多斯缓坡丘陵区面积5547.7km^2，占全县总面积的80.6%，海拔高度在1600m以下。由于历史上长期屯垦以及不合理的人为活动等原因，造成土地沙化面积不断扩大，沙漠已成为北部鄂尔多斯缓坡丘陵区的主要地貌类型（景观）之一。根据盐池县志（盐池县志编纂委员会，2002），盐池县北部沙化土地面积约45.33万hm^2，占北部鄂尔多斯缓坡丘陵区面积的82%，现已形成五条较大的流沙带：其中第一条是兴武营－殷家塘流沙带，西面从陶乐县黄河沿岸起，经灵武县横城进入盐池县，宽3～9km，长达30km；第二条魏庄子－马场流沙带，宽8～12km，长达77km；第三条是余庄子－黄沙窝流沙带；第四条是二道川－骆驼井流沙带，第五条是盐池县腹部流沙带（即哈巴湖流沙带）。

此外，由于特殊的地形和降水条件，盐池分布一定数量的湿地，其中较大的湿地包括：哈巴湖湿地、四儿滩湿地、二道湖湿地、苟池湿地和骆驼井湿地等。

二、气候

盐池县位于贺兰山－六盘山以东，按中国气候分区应属于东部季风区。但因距离海洋较远，暖湿气流不易吹到，且北面和西北面地势开阔，来自西伯利亚－蒙古的高压冷气可以畅行而下，寒潮易于侵入该县，故该县属于典型中温带大陆性气候。冬冷夏热、干旱少雨、风沙大、蒸发强、日照充足是本县气候的几大特点。

盐池县年平均降水250～350mm，从南向北，从东南向西北递减。南部麻黄山年降水355.1mm，北部县城296.4mm，高沙窝250mm左右。在降水时间的分配上，80%以上的降水量分布于5～9月，其中7～9三个月又占年降雨的60%以上。春季降水偏少（占年降水的10%～15%），成为该县土地生产能力偏低的主要限制因子之一。风对盐池县的自然环境的影响十分明显，是荒漠化的主要成因之一。全年主风向为干燥的西风和西北风，年平均风速北部为2.8m/s，南部为4.1 m/s；大风（风速大于17 m/s）日数，北部24.2d，南部45.8d，主要发生在春季。春旱和春季大风的叠加，促进了荒漠化的进程。中温带和干旱半干旱的气候条件，决定了该县的自然景观为温带草原和荒漠草原。研究区气象资料详见附表4盐池县多年气候资料统计表及附表5至附表9研究时段内盐池县气象资料统计表。

三、土壤

盐池县土壤以灰钙土为主，其次是黑垆土和风沙土（表4-1盐池县主要土壤类型面积）。此外有黄土，少量的盐土、白浆土等。灰钙土分布在本县中、北部及萌城一带，土层较厚，有机质含量约1%左右，有机质层厚约15～30cm，表层以下，多有石灰淀积，质地多轻壤，耕性尚好，农用地多分布在黄土区及川、盆、涧沟等低平处。土层一般厚约 70～80cm，沙性木，保水保肥力差，农用地较分散，多分布在浅滩、坑洼、沟间等夜潮地上。

南部黄土高原丘陵区以黑垆土为主，面积 10.5 万多 hm^2，占当地面积的 86.5%，其次为灰钙土，面积约 1.33 万 hm^2。

北部鄂尔多斯缓坡丘陵区以风沙土、灰钙土为主。风沙土面积 25.8 万 hm^2，占本地区面积的 46.5%。灰钙土面积 25.2 万 hm^2，占本地区面积的 45%，分普通灰钙土、淡灰钙土、侵蚀灰钙土 3 个亚类。另有盐土 1.4 万 hm^2，其中白盐土 $333hm^2$，松盐土 9000 hm^2。

盐池土壤结构松散，肥力较低。黄土高原丘陵区成土母质为黄土，表层土壤具有黄土的特征，容易被暴雨冲蚀。鄂尔多斯缓坡丘陵区，土壤含沙量大，易受风蚀而沙化。南部有机质含量：草地 1% 左右，耕地 0.84%；水解氮含量，草地 49.4μg/g，耕地 45.17μg/g；严重缺磷，草地速效磷仅 1.85μg/g，耕地 4.4μg/g。中、北部地区有机质含量：草地 0.66%，耕地 0.57%；水解氮含量，草地 27.15μg/g，耕地 29.79μg/g，明显低于南部；含磷量也很少，但较南部地区为多，速效磷含量一般草地为 4.26μg/g，耕地 7.8μg/g 左右。

表 4-1　盐池县主要土壤类型及面积

Tab. 4-1　The area of the main soil types in Yanchi

土壤类型		面积/万 hm^2	占全县总面积/%	小计/万 hm^2	占全县总面积/%
黑垆土	淡黑垆土	3.29	4.88	4.49	6.65
	黑垆土性	1.20	1.77	—	—
黄绵土	—	8.09	11.96	8.09	11.96
灰钙土	普通灰钙土	18.30	27.06	22.08	32.64
	淡灰钙土	1.68	2.48	—	—
	侵蚀灰钙土	2.10	3.10	—	—
风沙土	—	25.75	38.08	25.75	38.08
其他	—	0.07	10.67	0.07	10.67
合计		67.61	100	67.61	100

*注：引自王一谋主编，《三北防护林甘青宁类型区再生资源遥感应用研究再生资源遥感应用研究文集》(P125)，1991 年出版

四、植被

盐池县植被在区系上属于亚欧草原区亚洲中部亚区－中部草原区的过渡带。共记录种子植物 331 种，分属 57 科，221 属。其中野生植物 48 科，231 种；栽培植物 28 科，100 种。科属组成有禾本科 46 种，占 13.9%；菊科 39 种，占 11.8%；豆科 36 种，占 10.9%；藜科 24 种，占 7.3%。以上 4 科共 145 种，占植物总数的 43.8%。在野生植物中，菊科有 34 种，禾本科 30 种。10 种以上的科，还有十字花科、蔷薇科、百合科、茄科等。植被类型有灌丛、草原、草甸、沼泽、荒漠等植被类型。其中灌丛、草

原植被数量较大，分布也广。由于该县地理位置和诸多自然因素的过性特点，植被类型也显示出自南而北逐渐演替和互相交错的过渡性特点。盐池县内没有天然森林，只有人工林约 0.93 万 hm^2(不包括灌木林)，主要分布在城郊、青山、大水坑乡。在中、北部地区特别是哈巴湖和高沙窝、苏步井、柳杨堡乡的流沙地上，有近 0.67 万 hm^2 的沙柳灌丛。在一些丘陵地区有小片野生柠条灌丛。草原分干草原和荒漠草原等亚型。其分界线在东塘、安定堡、鸦儿沟、冯记沟、马儿庄、惠安堡一线，大致与 300mm 等雨线相一致。干草原包括了南部黄土丘陵区和中部滩地，约占全县总面积的 2/3。有较高的饲用价值。在南部地区，由于土壤、水分条件较好，生长旺盛，覆盖度达 50% ~ 70%，向北到中部缓坡丘陵地区，生长逐渐下降，覆盖度 30% ~50%。荒漠草原分布于北部地区，主要有短花针茅群系。饲用价值较好，但受水分条件限制，生长较差，覆盖度在 30% 左右。

(1)灌丛

Ⅰ 北沙柳灌丛：在北部流动沙丘地区有大面积分布，南海子、惠安堡等地也有分布。在丘间洼地上北沙柳呈密丛生长，高度可达 2 米，总盖度达 50%，为固沙先锋树种。群落中还可见白沙蒿(*Artemisia sphaerocephala* Krasch.)、黑沙蒿(*Artemisia ordosica* Krasch.)、沙米(*Agriophyllum squarrosum* (Linn.) Moq.)、绳虫实(*Corispermum declinatum* Steph. ex Stev.)、刺沙蓬(*Salsola ruthenica* Iljin.)等。

Ⅱ 小叶锦鸡儿灌丛：主要分布于李吉沟石质丘陵地区青山、红井子等地的砂质梁峁地。灌丛高度不超过 1 米，密度较大，总盖度可达 80%。在不同地段分别与猫头刺(*Oxytropis aciphylla* Ledeb.)、苦豆子(*Sophora alopecuroides* Linn.)、老瓜头(*Cynanchum komarovii* Al.)等形成不同的群丛。群落中习见的草本有短花针茅(*Stipa breviflora* Griseb.)、绳虫实、银灰旋花(*Convolvulus ammannii* Desr.)、刺穗藜(*Chenopodium aristatum* Linn.)、砂珍棘豆(*Oxytropis racemosa* Turcz.)、短翼岩黄芪(*Hedysarum brachypterum* Bunge)、蒙古葱(*Allium mongolicum* Regel)等。

(2)草原植被

Ⅰ 典型草原：主要分布在南部黄土丘陵山区。由于该区开发历史较长，栽培植被已占主导地位，仅在田边、沟坡保存有一些典型草原的片断。主要草原类型有大针茅草原、长芒草草原、冰草草原、百里香草原等，群落中常见植物种类以旱生和中旱生类型为主，如星毛委陵菜(*Potentilla acaulis* Linn.)、二裂委陵(*Potentilla bifurca* Linn.)、兴安胡枝子(*Lespedeza daurica* (Laxm.) Schindl.)、银灰旋花、兔唇花(*Lagochilus ilicifolium* Bunge)、毛莲蒿(*Artemisia vestita* Wall. ex Bess.)、硬质早熟禾(*Poa sphondylodes* Trin.)、糙隐子草(*Cleistogenes squarrosa* (Trin.) Keng)等。

Ⅱ 短花针茅荒漠草原：分布于中部、西部平沙地或起伏沙地上。除短花针茅外，还可见沙芦草等根茎状禾草，在不同地段上可形成不同的群丛。群落中多见的伴生种有甘草(*Glycyrrhiza uralensis* Fisch.)、灌木亚菊(*Ajania fruticulosa* (Ledeb.) Poljak.)、猪毛蒿(*Artemisia scoparia* Waldst. et Kit.)、银灰旋花、绳虫实、小变蒿(*Artemisia comutata* var. *pumila*)、老瓜头、地锦(*Euphorbia humifusa* Willd.)、狗尾草(*Setaria viridis* (Linn.) Beauv.)、雾冰藜(*Bassia dasyphylla* (Fisch. et Mey.) O. Kuntze)等。

(3)草甸植被

Ⅰ 芨芨草盐生草甸：在盐池中部与东部各低洼盐碱地均有分布。芨芨草呈密丛生，高度可达1.5米，群落覆盖度可达80%。优势种还有白草、白草。伴生种有苦马豆（*Swainsonia salsula*（Pall.）DC.）、盐爪爪（*Kalidium foliatum*（Pall.）Moq.）、金色补血草（*Limonium aureum*（L.）Hill.）、雾冰藜、滨藜（*Atriplex sibirica* Linn.）、细叶鸢尾（*Iris tenuifolia* Pall.）。

Ⅱ 草地风毛菊杂类草草甸：分布于水分条件较好的河滩地、沟渠边。覆盖度可达100%。除草地风毛菊外还可见假苇佛子（*Calamagrostis pseudophragmites*（Hall. F.）Koel.）、白草、砂引草（*Messerschmidia sibirica* Linn.）、斜茎黄耆（*Astragalus adsurgens* Pall.）、蒲公英（*Taraxacum mongolicum* Hand.-Mazz.）、扁蓄（*Polygonum aviculare* L.）、地肤（*Kochia scoparia*（Linn.）Schrad.）、内蒙古扁穗草（*S. rufus* Link）等。

Ⅲ 扁杆蔗草沼泽草甸：主要分布北部沼泽地及池塘周围，面积不大。除扁杆蔗草外还有水麦冬（*Triglochin palustre* Linn.）等。

（4）草原带沙地植被

Ⅰ 苦豆子群落：主要分布于北部、中部半固定沙丘、起伏沙地、风化砂岩地带。群落覆盖度可达80%，苦豆子常与甘草形成共建种。其它植物以一年生种类为主，如小画眉草（*Eragrostis minor* Host）、绳虫实、雾冰藜、狗尾草等。

Ⅱ 老瓜头群落：主要分布于中部微起伏地上，多因放牧过度草场退化而形成。群落覆盖度可达80%，优势种还有甘草、猫头刺、骆驼蓬（*Peganum harmala* Linn.），及一些根茎类禾草。

Ⅲ 黑沙蒿群落：主要分布于中部、北部半固定沙地上，高沙窝、骆驼井、哈巴湖等地都有大面积分布。在不同地段，由于伴生种不同的群丛。群落中多见的为沙生草原植物种，如沙地旋复花（*Inula salsoloides*（Turcz.）Ostenf.）、披针叶黄华（*Thermopsis lanceolata* R. Br.）、白里蒿（*Artemisia blepharolepis* Bge.）、银柴胡（*Stellaria dichotoma* Linn. var. *lanceolata* Bge.）等。

Ⅳ 白沙蒿群落：多见于北部、西北部流动沙丘地带，在沙边子、柳杨堡等地有大面积分布。群落覆盖度在20%～40%之间，主要植物种类还有沙芥（*Pugionium dolabratum* Maximowicz）、沙鞭（*Psammochloa villosa*（Trin.）Bor）、草木樨状黄芪（*Astragalus melilotoides* Pall.）、沙蓬等。

（5）荒漠植被

Ⅰ 川青锦鸡儿群落：分布于中部石质山地。群落覆盖度50%，川青锦鸡儿呈垫状生长，分布均匀，高度30cm左右。群落中占优势的还有短花针茅、甘草、骆驼蒿等。

Ⅱ 猫头刺群落：在鸦儿沟等地有大面积分布，系草场退化后而形成。猫头刺呈垫状生长，分布均匀，覆盖度可达80%。群落中还见老瓜头、甘草、灌木亚菊、二裂委陵菜、白草、短花针茅等。

（6）盐碱沼泽植被

Ⅰ 白刺群落：主要分布在北部的南王圈、沙边子、骆驼井以及哈巴湖等地，形成特殊的白刺包景观。白刺包上覆盖度可达成100%，白刺包之间的沙地上覆盖度在20%～50%之间。伴生植物有白草、刺蓬、星状刺果藜、绳虫实、沙米、狗尾草等。

Ⅱ 盐爪爪群落：主要分布在北部和东部低洼盐碱地带。盐爪爪为密丛生，团块分布，群落覆盖度在80%以上。群落中可内陆散生的红柳(*Tamarix* spp.)，小灌木及草本有红砂(*Reaumuria songarica*(Pall.) Maxim.)、白刺、芨芨草、金色补血草、白亘、雾冰藜、中亚滨藜等。

注：本部分植被资料来源于盐池县农业区划报告汇编、宁夏哈巴湖自然保护区科学考察集

五、土地资源结构

依据自然地理状况，可将盐池县土地资源类型划分为5个1级类型(土地类)和13个2级类型组(土地型)。其数量构成见表4-2、4-3及附录表2。

表4-2 盐池土地资源类型构成表

Tab. 4-2 The land resources types in Yanchi

土地类型	面积		序号	土地型(组)	面积	
	km^2	%			km^2	%
Ⅰ. 平地	4497.6	66.52	1	平地	3270.2	48.37
			2	沟条地	1.3	0.02
			3	黄土残塬地	92.8	1.37
			4	平缓地	1173.3	16.76
Ⅱ. 丘陵地	1333.0	19.72	5	剥蚀丘陵地	280.7	4.15
			6	黄土丘陵地	854.6	12.64
			7	黄土墚峁地	197.7	2.93
Ⅲ. 沙丘地	748.5	11.07	8	固定沙丘地	55.7	0.82
			9	半固定沙丘地	407.0	6.02
			10	流动沙丘地	285.8	4.23
Ⅳ. 低湿滩地	74.2	1.10	11	湖盆滩地	74.2	1.10
Ⅴ. 沟谷地	107.9	1.59	12	黄土沟谷地	102.1	1.51
			13	黄土沟掌地	5.8	0.08
合计	6761.2	100	6761.2	100		

*注：引自王一谋主编，《三北防护林甘青宁类型区再生资源遥感应用研究，再生资源遥感应用研究文集》，1991年出版

表4-3 盐池县土地利用结构表

Tab. 4-3 The construction of land use in Yanchi

分区	面积	耕地		草地		林地		其他	
	(万 hm^2)	面积(万 hm^2)	%	面积(万 hm^2)	%	面积(万 hm^2)	%	面积(万 hm^2)	%
南部黄土丘陵区	12.96	4.09	6.05	8.13	12.02	0.01	0.01	0.72	1.06
中部波状丘陵区	26.18	3.99	5.90	21.71	32.11	0.44	0.65	0.04	0.06
北部风沙地貌区	28.47	3.81	5.64	21.76	32.18	0.16	0.24	2.74	4.05
合计	67.61	11.9	17.59	51.59	76.32	0.61	0.90	3.78	5.18

*注：引自王一谋主编，《三北防护林甘青宁类型区再生资源遥感应用研究，再生资源遥感应用研究文集》(P_{124})，1991年出版

第二节 盐池县社会经济状况

一、人口

最新统计资料表明(2006 年)，盐池县共有人口 163 898 人，以汉族为主，占人口总数的97%，人口密度为23.38/km²，人口总数是1949 年的5.87 倍。人口密度由新中国成立初期的3.99 人/km²，增加到2003 年的23.38 人/km²(详见附录表3：盐池县社会经济统计资料)。

二、社会经济状况

(一)耕地

据“三北”遥感调查试点资料，盐池县共有耕地11.9 万 hm²，主要土地利用类型有撂荒地、一般旱地和基本农田三种。以种植粮食，油料作物为主。近年来，瓜菜、牧草种植面积有所增长。目前，在耕地利用上的主要问题是：

第一、面积过大，全县12.29 万 hm²，按农业人口计算，人均占有1.13 hm²，劳动负担0.25hm²，耕种面积大，难以做到精耕细作。

第二、耕地分散，不固定，以往(2000 年以前)过度开垦和弃耕现象严重，导致草原面积减少和土地沙化。

第三、土地经营技术落后，除极少量水浇地外，旱地大都是广种薄收，栽培技术十分粗放，普遍施肥不足，包括施化肥在内，每年施肥面积不到播种面积的50%，因而，地力递减的问题十分突出。

(二)草场

根据全国重点牧区草场资源调查大纲和技术规程，盐池县草场可分为4 大类、23 个组104 个型(表4-4)。

典型草原草场类：主要分布在黄土高原丘陵区，土壤以普通黑垆土和湘黄土为主。可利用草场面积102 481.9 hm²。占可利用草场面积的22.44%。主要植物组成包括：大针茅、长芒草、硬质早熟禾、冰草、糙隐子草、白草、牛枝子、花苜蓿、多种萎陵菜、百里香、猪毛蒿、米蒿、阿尔泰狗娃花等。亩产可食青草123.91kg。适口性好，营养价值高，每1.21 hm² 草场可养一只羊。

荒漠草原草场类：主要分布在上述草原以北大部分地区。土壤多为灰钙土。面积162 127.82 hm²。占可利用草场面积的32.6%。主要植物组成包括：长芒草、短花针茅、麦秧子、隐子草、白草、牛枝子、猫头刺、猫耳刺、砂珍棘豆、草木樨状黄芪、苦豆子、多种萎陵菜、米蒿、冷蒿和一年生植物狗尾草、小画眉、猪毛蒿、棉蓬、刺蓬等。由于该草场处于地势较为平缓、土壤较为肥沃地带，多年来大面积草场被垦，加之长期风蚀，大部分草场沙化严重。一般草层高度10 ~20cm，覆盖度35% ~50%，亩产可食青草139.32kg，饲用价值较好，每1.08 hm² 草场可养一只羊。

表 4-4　盐池县草场资源状况

Tab. 4-4　The grassland resources in Yanchi

名称	面积/hm^2	比例/%	类型	比例/%
典型草原草场类	102 481.93	22.44	低丛生禾草草场组	17.67
			一年生蒿草类草场组	1.3
			根茎禾草草场组	0.45
			旱生蒿类草场组	1.18
			旱生杂草类草场组	0.99
			中旱生蒿类半灌木	0.07
			旱生豆科草场组	0.63
荒漠草原草场类	162 127.80	32.62	多年生沙生植物组	18.35
			根茎禾草	4.58
			低丛生禾草草场组	3.94
			有刺小灌木	1.13
			一年生蒿草类草场	2.77
			一年生禾草类草场	0.13
			一年生藜科植物类草场	4.34
沙地植被草场类	171 622.33	39.8	沙生半灌木组	24.02
			多年生沙生植物组	7.69
			低丛生禾草草场组	1.17
			有刺小灌木	0.45
			一年生蒿草类草场	2.73
			根茎禾草	0.04
			一年生藜科植物类草场	1.21
沼泽草甸植被类	23 643.53	5.14	盐生小灌木、多年生高大禾草	4.96
一年生盐生植物	0.18			
合 计	459 875.53	100		100

* 注：盐池县农业区划报告汇编

沙地植被草场类：此类草场是盐池县草场的主体，主要分布在北部鄂尔多斯缓坡丘陵的平铺沙地、固定半固定及流动沙丘上。土壤主要为灰钙土，主要组成植物有黑沙蒿、白草、苦豆子、甘草、白草、老瓜头、猫头刺、猫耳刺、砂珍棘豆、柠条、骆驼蓬、棉蓬、刺蓬、猪毛蒿、沙米等。面积 171 622.3 hm^2，占全县草场总面积的39.8%。一般草层高度在20cm以上，总覆盖度30~40%，亩产可食青草81.45kg，适口性差，饲用价值低。每0.92 hm^2 可养一只羊。

沼泽草甸植被草场：这类草场主要分布在中北部的盐湖、海子的周围以及丘间低地，地下水位高，土壤中含盐量大。主要组成植物有白刺、芨芨草、盐爪爪、芦苇、盐蒿、水蓬、红沙、披针叶黄花，五星蒿、骆驼蓬等，面积为2364.2 hm^2，占全县草场总面积的5.14%，一般草层高度在25cm左右。覆盖度40%，草类单一，适口性差，但产草量较高，一般亩产可食青草119.37kg，每0.63 hm^2 可养一只羊。

盐池县草场各等级面积如表2-5。近年来盐池县天然草场植被群落的结构的日趋简化，劣草、毒草成分增加，产草量降低等方面。

表 4-5　全县草场各等级面积表

Tab. 4-5　The area of the different grassland classes in Yanchi　　万 hm^2

草场等级	合计	1	2	3	4	5	6	7	8
合计	45.99	—	—	—	—	0.94	3.78	36.63	4.64
一	—	—	—	—	—	—	—	—	—
二	9.17	—	—	—	—	—	—	8.28	0.89
三	29.01	—	—	—	—	—	2.24	23.87	2.90
四	4.20	—	—	—	—	0.86	0.47	2.28	0.58
五	3.61	—	—	—	—	0.08	1.07	2.19	0.27

注：盐池县农业区划报告汇编

表 4-6　盐池县林业用地面积统计表

Tab. 4-6　The area of the forest lands in Yanchi

林地							非林地	
林地面积合计(hm^2)	有林地		灌木林地		疏林地	无林地	林带林网	四旁树
	乔木林	人工林	天然林	合计				
126876.3	5479.8	9232.9	4635.8	13871.1	662.9	106862	286.3	195.7

*注：盐池县森林覆被率为：

森林覆被率(2.97%)=0.8%(有林地)+2.1%(灌木林地)+0.04%(林带林网)+0.03%(四旁树)

(三)林地

由于受自然地理条件限制，盐池县无天然林，全部为人工林。林地十分分散，地块多、面积小，星罗棋布遍布全县，数量相对集中的是机械化林场，三个乡办林场和苏步井、杨柳堡、高沙窝、城郊等地。以人工林、灌木林、防护林、耐旱树种为主是本县林地的显著特点，而且现存灌木林面积远大于乔木林，生长状况也是灌木林优于乔木林。据 1987 年“三北”遥感调查试点资料(表 2－6)，盐池县森林覆被率仅为 2.97%。

第三节　盐池县荒漠化状况

一、盐池县土地荒漠化现状及动态

(一)盐池县土地荒漠化现状

根据最新卫星影像资料判读结果(1999 年)，盐池县荒漠化土地总面积为 7155723 亩，主要集中在北部鄂尔多斯缓坡丘陵区，占全县土地总面积的 70.58%，占北部鄂尔多斯缓坡丘陵区土地总面积的 89.04%，其中流动沙丘 382950 亩，半固定沙地 1069628 亩，固定沙地 4664399 亩，浮沙地 1038747 亩，分别占北部鄂尔多斯缓坡丘陵区土地总面积的 4.77%，13.31%，58.04%，和 12.93%(表 4-7)。

(二)盐池县土地荒漠化动态

图 4-2 和表 8 为过去 40 年盐池县土地荒漠化发展状况，其中 1961 年数据来自《农

业厅盐池县土壤、草场调查报告》，1983 年数据来自《盐池县土壤普查报告》，1987 年数据来自《三北遥感调查试点材料》，1999 年数据来自国家林业局西北规划设计院最新全国荒漠化普查资料。

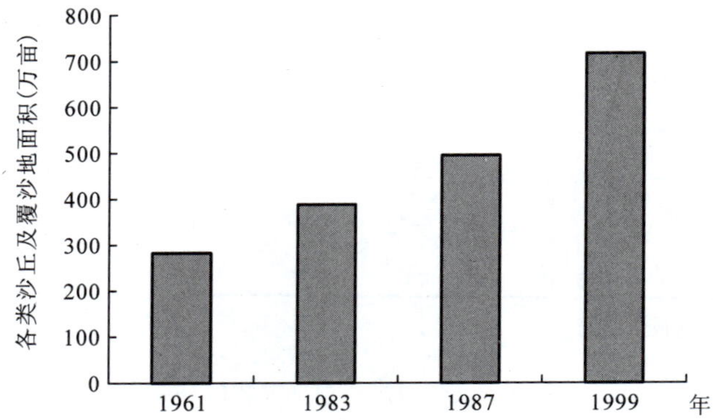

图 4-2　盐池县土地荒漠化发展趋势(总面积)

Fig. 4-2　The tendency of the land degradation (total area)

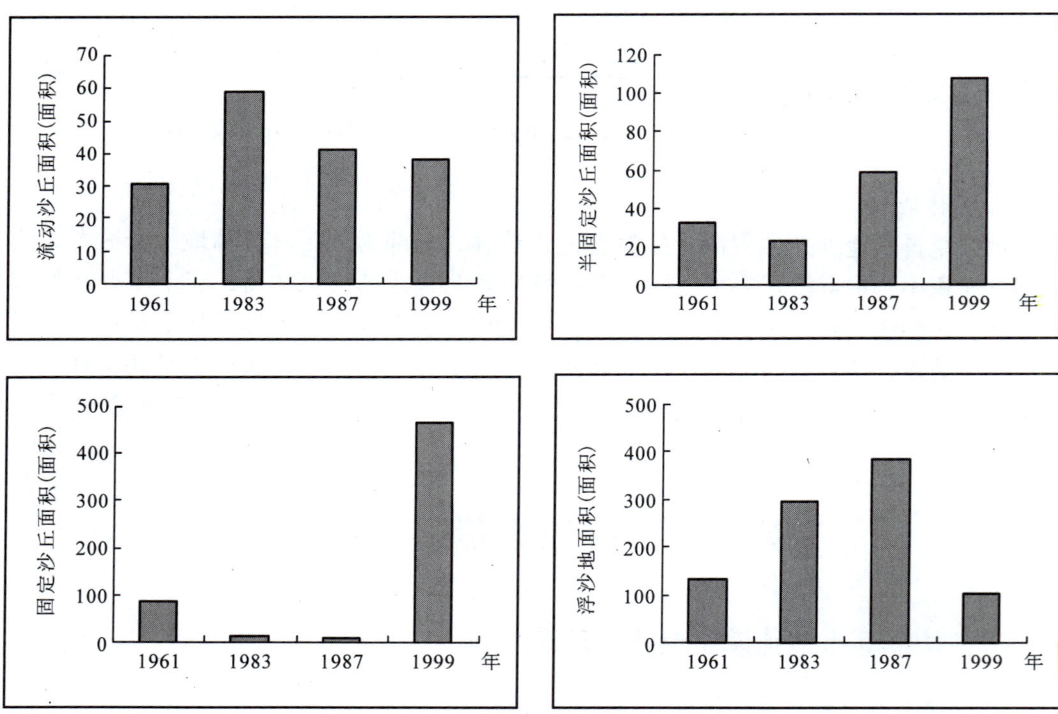

图 4-3　盐池县不同沙化土地动态(1961 – 1999)

Fig. 4-3　The dynamic changes of different types of desert lands (1961 – 1999)

表 4-7　盐池县土地荒漠化现状及发展趋势

Tab. 4-7　The situation and tendency of the land degradation

对比年份	各类沙丘及浮沙地面积（亩）	其中			
		流动沙丘	半固定沙丘	固定沙丘	浮沙地
1961 年	2824657	306188	322444	880534	1315491
1983 年	3875081	592353	228491	117776	2936461
1987 年	4940400	412000	587000	80400	3861000
1999 年	7155723	382950	1069628	4664399	1038747

表 4-8　1970 ~ 1980 盐池县土地沙漠化变化状况

Tab. 4-8　The changes of land degradation during 1970 – 1980

面积（km^2）	70 年代中期沙漠化土地		80 年代中期沙漠化土地		年增长率		监测年限
	km^2	%	km^2	%	km^2	%	
6751.2	1368.7	20.2	1845.5	27.3	47.7	3.0	1975 – 1987

朱震达，陈广庭，1994 年，中国土地沙质荒漠化，科学出版社 P90

表 4-9　1977 ~ 1986 年盐池县沙漠化土地面积对照表

Tab. 4-9　The area of the desert lands during 1977 – 1986

年代	正在发展的沙漠化土地		强烈发展的沙漠化土地		严重发展的沙漠化土地	
	km^2	占全县%	km^2	占全县%	km^2	占全县%
1977 年	934.70	13.8	434.27	6.4	317.11	4.7
1986 年	1162.69	17.2	370.17	5.5	387.84	5.7

* 注：三北防护林甘青宁类型区再生资源遥感应用研究再生资源遥感应用研究文集 P165

表 4-8 资料为 1970 ~ 1980 年盐池县土地沙漠化变化状况，来自 1987 年国家下达的“五十年来我国北方沙漠化演变趋势及预测”课题。表 4-9 资料为“七五” 国家科技攻关项目“三北防护林遥感综合调查研究”。尽管具体指标存在并非完全一致，但总体上在过去半个世纪盐池县土地荒漠化发展明显加剧。

从对比数字(表 4-7)看出，1961 年沙地总面积为 282.5 万亩(包括各类沙丘及浮沙地)，1983 年为 387.5 万亩，1987 年为 494.04 万亩，到 1999 年沙地面积达到 715.57 万亩，平均每年增加 11.40 万亩，年平均增长率达到 4.03%，其中 1961 ~ 1983 年平均增长率为 1.69%，1983 ~ 1987 年平均增长率为 6.87%，1987 ~ 1999 年平均增长率为 3.80%。从各类不同沙地的变化看，流动沙丘面积在 1961 ~ 1983 年之间明显增加，1983 年之后逐渐减少，这基本上反映出 1983 年之前人为破坏主要增加流动沙丘面积，20 世纪 80 年代以后，随着三北防护林体系工程建设，造林工作主要集中在流动沙地，结果造成流动沙地面积逐渐减少；固定、半固定以及浮沙地明显增加，浮沙地在快速增加(图 4-2、4-3)，说明原来尚未沙漠化的土地又在形成新的浮沙地，不但荒漠化的面积在增加，而且荒漠化程度在加重。

二、盐池县土地荒漠化成因分析

（一）自然因素

就全球范围而言，土地荒漠化是在自然的基础上，由于人为过度经济活动所导致的土地退化过程。因此荒漠化具有受自然因素和人为因素以及全球变化三方面影响。我国土地荒漠化主要原因是恶劣的自然条件（干旱、大风及地表丰富的沙物质）、气候变异（全球变化）和人类不合理的经营行为所致。人为因素主要表现为：沙区乱砍滥伐、过度樵采等植被破坏；无计划、无节制地开垦土地；草场过度放牧；乱挖滥采野生中药材、发菜；水资源的不合理利用，致使江河断流、地下水位下降，植被枯死，土地沙化。

就土地沙漠化自然因素而言，干旱、大风、地表丰富的沙物质及植被缺乏是其发生发展主要原因。

（1）盐池县土地荒漠化气候因素

干旱：干旱是发生沙漠化的主要自然条件之一。就世界范围而言，干旱区的形成主要与纬度及大气环流有关，世界范围内的沙漠主要分布在南北纬15°～30°之间，为副热带高压控制范围，终年为信风控制区域，成为地球上雨量稀少的干旱区。世界上多数大沙漠皆位于此带，我国沙漠及沙漠化地区，深处大陆腹地，远离海洋，加之周围高山高原的阻挡，特别是青藏高原的隆起，夏季海洋暖湿气流难以到达，冬季又受来自蒙古—西伯利亚高压的控制，这样使西北地区成为我国，也是世界上最严重的干旱区之一。

盐池县位于贺兰山—六盘山以东，按中国气候分区应属于东部季风区。但因它在大陆中北部，距离海洋远，由海上来的暖湿气流不易吹到。且北面和西北面地势开阔，来自西伯利亚—蒙古的高压冷气可以畅行而下，寒潮易于侵入该县，故该县属于典型中温带大陆性气候。冬长夏短、春迟秋早、冬冷夏热、干旱少雨、风大沙多、蒸发强烈、日照充足是本县气候的几大特点。

根据气象资料，盐池县年平均降水仅250～350mm，具有从南向北，从东南向西北递减规律。南部麻黄山年降水355.1mm，北部县城296.4mm，西北部高沙窝250mm上下。在降水时间的分配上，80%以上的降水量分布于5－9月，春季降水偏少（占年降水的10%～15%），成为该县土地生产能力偏低的主要因素之一。同时降雨量年际分布状况，常常导致严重的春旱、夏旱和秋旱。根据不完全统计（表4-10），1955～1980年，盐池县北部地区，无春旱的年份仅4年，占15.4%，轻春旱的11年，占42.3%，重春旱的11年，占42.3%；根据盐池县气象部门资料，1955～1980年，盐池县北部地区几乎年年发生春旱、夏旱或秋旱，没有任何干旱的只有1964和1967两年。干旱往往导致土地生产力下降，作物产量减少甚至绝收，草场产草量下降。

大风（侵蚀营力）：在自然界，当风速超过一定值后，在缺乏植被保护的沙质地表就会产生风蚀，在风沙物理学中，把这一风速的临界值叫做起沙风速，起沙风速的大小因沙粒粒径的大小、和沙层表面的湿度状况不同而不同，一般是，沙粒的粒径愈大，起沙风速愈大。在沙粒粒径相同时，潮湿沙表的起沙风速值大于干燥沙表的起沙风速值。在流动沙丘上，对于粒径0.1～0.25mm的干燥沙，起沙风速大约是4～5m/s（指距地表 2m 处)。风洞试验及大量野外观测证明，风蚀量与风速超过起沙风速部分的三次方成正比。

表 4-10　盐池县干旱年统计表

Tab. 4-10　The frequencies of the arid year

年代	春旱						夏旱						秋旱				
	无		轻		重		无		轻		重		无		轻		重
	年	%	年	%	年	%	年	%	年	%	年	%	年	%	年	%	年
1954－1970	4	25	6	38	6	38	6	35	6	35	5	29	5	29	9	53	3
1971－1980	0	0	5	50	5	50	1	1	6	60	3	30	0	0	8	80	2

＊注：盐池县农业区划报告汇编

风对盐池县的自然环境的影响十分明显，是土地沙化的主要因素之一。盐池县素有"一年一场风，从春刮到冬"之说。盐池县大风主要发生在冬、春季节，尤以春季为甚。全年主风向为干燥的西风和西北风，年平均风速北部鄂尔多斯高原地区为 2.8m/s，年平均风速≥5m/s(起沙风速)次数为 323.4 次，最多年份达 418 次，在缺乏植被保护情况下，造成土壤风蚀。根据气候统计资料，大风(风速大于 17m/s)日数，北部 24.2 天。风沙日数 20 世纪 60 年代的 12.2 天，70 年代 24.1 天，80 年代 35 天。

(2)盐池县土地荒漠化地质地貌基础—丰富的沙物质

第四纪物质在盐池县分布很广(表 4-11)，大体可以分为上更新统和全新统。上更新统主要分布在南部黄土丘陵及黄土分水岭梁地，为黄土类土，厚度一般在 10～200m。全新统主要分布在北部鄂尔多斯高原区，进一步可分为早期、中期、近期和现代三种类型。全新统早期主要为坡残积物(厚度在 0.5～3m)、坡积物(厚度在 10～50m)和洪积物(厚度在 1m 左右)；中期以冲洪积为主(厚度在 0.5～40m)；近期主要以湖积物(厚度在 1～4m)和洪积物(厚度 3m 左右)为主；现代类型主要为风积物，也就是目前县内几条主要沙带，厚度在 1～20m。这些丰富的沙物质是沙漠及沙漠化土地形成和发展的物质基础。在上述沙性母质上所形成的土壤抗风蚀能力相对较弱，在干旱、多风等如此脆弱生态环境条件下，这一地区植被覆盖度相对较低，土壤成土过程相对较弱，因此极易风蚀造成土地沙漠化。

表 4-11　盐池县第四纪土类物理性质

Tab. 4-11　The physical property of the quaternary soil

项　目	粒径(%)						
	砂粒					粉粒	粘粒
	4－2	2－0.5	0.5－0.25	0.25－0.1	0.1－0.05	0.05－0.005	＜0.005
黄土类	－	－	－	0.8	27.3	64.8	7.1
亚沙土	10.5	0.6	3.1	17.2	30.8	40.7	7.1
亚粘土	0.3	2.0	7.5	19.5	20.7	30.1	19.9
沙土	－	－	－	－	87.5	8.5	4.5

＊注：盐池县农业区划报告

(二)人为因素

(1)土地利用结构变化分析

土地利用反映了人为因子对天然植被群落的干扰程度，土地利用的类型、程度和强度与土地荒漠化过程密切相关，适宜的土地利用类型可以遏制荒漠化的发生和发展，而不合理的土地利用类型则会加剧荒漠化的程度和强度。表4-12为1976～1986年盐池县土地利用动态变化情况。从中可以看出，盐池县存在严重的土地不稳定、草地面积急剧减少状况，1976～1986年10年间，盐池县有456 647亩草地或被开垦或沦为沙地。这正是人为造成荒漠化土地急剧扩大的主要原因—人为不和理利用和破坏是近代以及当代荒漠化的主要原因。

表4-12　盐池县土地利用动态面积(1976～1986年)

Tab. 4-12　The dynamic area changes of different types of land use (1976～1986)

编号	变动类型	面积(亩)	编号	变动类型	面积(亩)
Ⅰ	耕地变成其它	20 528.4	Ⅲ	林地变成其它	444[illegible] 8
Ⅰ$_1$	耕地变成草地	10 983.3	Ⅲ$_1$	林地变成耕地	267[illegible] 0
Ⅰ$_2$	耕地变成林地	8907.6	Ⅲ$_2$	林地变成草地	151[illegible] 6
Ⅰ$_3$	耕地变成沙地	637.5	Ⅲ$_3$	林地变成沙地	258[illegible]2
Ⅱ	草地变成其它	456 647.0	Ⅳ	沙地变成其它	31 58[illegible].1
Ⅱ$_1$	草地变成耕地	306 925.7	Ⅳ$_1$	沙地变成草地	12 30[illegible].9
Ⅱ$_2$	草地变成林地	140 302.5	Ⅳ$_2$	沙地变成林地	17 72[illegible]9
Ⅱ$_3$	草地变成沙地	9418.8	Ⅳ$_3$	沙地变成耕地	1497[illegible]3
A	林草沙变成耕地	311 093	X	耕地净增面积	290 56[illegible].6
B	耕草沙变成林地	1 669 322	Y	林地净增面积	162 48[illegible].2
C	耕林沙变成草地	24 862.8	Z	草地净减面积	431 78[illegible].2

*注：王一谋主编 再生资源遥感应用文集 ，科学出版社，1991

(2)不合理开垦

盐池县位于农牧交错带，从自然条件方面，更适合牧业发展，但在过去半个世纪，在人口急剧增加基础上以及以粮为纲政治背景下(盐池县人口由1949年的26 940人增加到2001年的153 192人，2001年人口数量是1949年的5.67倍，年增长率高达10.90%)，盐池县大农业经历了“以牧为主、以农为主、农牧并举”三个发展历程，造成耕地面积大幅度增加。根据1986年土地详查资料，全县耕地面积为184.4万亩，占全县总土地面积的18%，按农业人口计算，人均占有耕地17亩，劳均56亩。相当于1949年耕地面积的2.63倍和1949年播种面积的5倍。表4-13是中科院地理所依据最新(2000年)遥感卫星资料(比例尺1:20万)所得的盐池县土地利用状况，需要说明的是，由于盐池县耕地面积相对不固定(盐池农业区划报告)，土地撂荒现象极为严重，经常出现反复弃耕和反复开垦现象，所以农业用地面积在卫星影像上总面积高达38.19%．这样，盐池县耕地面积遥感卫星所得结果与实际基本一致，也就是说，盐池县每年实际播种面积在180万亩左右。人均耕地15亩左右。正是由于过度垦殖和反复弃耕，造成土地严重沙化，事实上今天的浮沙地很大程度上就是由于过度垦殖和反复弃耕所致。

撂荒种植是盐池以及我国其他农牧交错区一种传统耕作制度（当地称之为倒山种地），所谓撂荒种植是草原经开垦后，种植3～5年，完成一个轮作周期后即开始弃耕，弃耕年限不等，少则五、六年，多至十几年，然后再垦殖。由于耕作粗放，导致土地退化，一些地区甚至出现流沙。

表 4-13　盐池县土地利用状况

Tab. 4-13　The situation of the land use

土地利用类型		面积	小计	占总面积%
农地	1	45 322		
	2	11 407 233	1 336 688	38. 192
	3	150 634		
林地	1	15 044		
	2	1 090 323	190 311	5. 44
	3	56 016		
	4	10 219		
牧草地	1	15 747		
	2	581 610	1 949 251	55. 692
	3	135 189		
交通道路	2	1603	13 761	
	3	3898	0. 40	
	6	8260		
居民区占地	1	1195	10 392	
	2	9197	0. 30	
合 计		3 491 199	3 500 403	100. 00

撂荒种植导致土壤肥力下降：据调查，盐池县高沙窝地区，开垦种植一年的土地，糜子亩产量可达35千克左右，到第二年亩产量下降到25千克左右，第三年种谷子，亩产量只有15－20千克，第四年种大麻（油料作物），亩产量仅5～10千克。由此可见，本地区作物产量底，除降水量这个重要因素外，落后的种植制度也是造成土地退化原因之一。与此同时，这也是退耕还林在当地大受欢迎的根本原因。

表 4-14　不同年限沙质撂荒地植被恢复情况

Tab. 4-14　The reversion situation of the vegetation with different abandoned years

撂荒年限（年）	1	2	3	4
盖度（%）	20.5	26.5	11.5	14.0
主要植物	甘草	苦豆子	甘草	黑沙蒿
	棉蓬	棉蓬	狗尾草	
	狗尾草	狗尾草	赖草	狗尾草
主要伴生植物	地锦	地锦	沙迷 白草	地锦　刺蓬

*注：宁夏盐池农业资源与利用研究论文集；调查地点：为盐池县柳杨堡乡三道川

表 4-15　不同撂荒年限植被恢复情况

Tab. 4-15　The reversion situation of the vegetation with different abandoned years

植物类别	调查内容	撂荒年限（年）				
		1	2	4	6	11
禾本科	种数	3	4	2	3	5
	盖度(%)	7	>7	<1	>4	>10
	鲜草产量(kg/亩)	20.65	22.0	6.6	3.75	25.35
豆科	种数	5	3	3	5	4
	盖度(%)	>3	17	18	13	20
	鲜草产量(kg/亩)	11.0	35.15	41.5	17.5	55.0
菊科	种数	2	1	1	3	1
	盖度(%)	<1	2	10	32	13
	鲜草产量(kg/亩)	0.35	4.35	33.35	43.35	33.65
藜科	种数	1	2	1	2	2
	盖度(%)	4	3	2	1>	4
	鲜草产量(kg/亩)	14.85	39.0	22.5	-	25.0
其它	种数	3	7	4	6	7
	盖度(%)	>2	5	>5	>1	>3
	鲜草产量(kg/亩)	6.5	11.9	16.75	2.65	4.15
合计	种数	14	17	11	19	11
	盖度(%)	15	35	35	45	50
	鲜草产量(kg/亩)	53.35	112.4	120.7	68.5	143.15

* 注：宁夏盐池农业资源与利用研究论文集；调查地点：为盐池县高沙窝乡南梁五队

撂荒种植导致土壤质地日趋粗化：土壤风蚀及土壤质地日趋粗化是撂荒开垦的另一恶果。气象资料表明，年平均风速≥5 米/秒(起沙风速)次数为 323.4 次，最多年份达 418 次，在缺乏植被保护情况下，造成土壤风蚀。根据气候统计资料，大风(风速大于 17 米/秒)日数，北部 24.2 天，因此冬春季节土壤风蚀现象非常严重，有资料表明，由于风蚀沙化被迫弃耕的土地每年大约有 8 万亩之多。此外，在同一剖面，深层土壤(20～40cm)土壤砂粒含量均低于 70%，而经过多次撂荒种植并反复耕作的表层(0～20cm)土壤砂粒含量均在 80% 以上，按照我国土壤分类标准(南京土壤所，1978)，20 厘米以下土壤为细沙土，以上为粗沙土。这说明撂荒种植是导致土壤粗化、土地荒漠化的主要原因之一。

撂荒种植导致植被退化：由于过度垦殖导致土壤风蚀沙化，撂荒后植被恢复极为缓慢，同时植物种类以及数量均明显变化。从表 4-14 可以看出，随着撂荒年限的增加，多年生及沙生植物逐年增多，草的质量也趋于好转，但覆盖度无明显(规律)变化，而且，植被恢复速度也极为缓慢。一般 11 年才能恢复到较好水平(表 4-15)。与此同时，撂荒种植加剧了农牧矛盾，草原开垦后沙化，导致临近草场遭受沙压沙埋，引起草场退化，有资料表明(郭文远，1987)，在盐池，由于开垦农田而使临近草场遭受破坏的面积可达开垦面积的 1～2.5 倍，足见多度开垦的危害和问题的严重性。

(3)过度樵采以及滥挖甘草

受经济利益的驱动，盐池县挖甘草的数量日益增加。20 世纪 50 年代(1950～1959 年)采挖是 56 万斤，60 年代(1960～1969 年)60.5 万千克，70 年代(1970～1979 年)136 万千克。1980～1982 年三平均 271 万千克，最高的达 325.5 万千克。不仅导致对草原破坏重，同时对甘草资源本身也是破坏。根据调查，每年仅挖甘草一项，就破坏草地

10.5 万亩，而且此类土地恢复极为困难，据此，如以每年平均破坏沙地 3.5 万亩计算，由于挖甘草一项，近 50 年来所造成的荒漠化土地高达 175 万亩，占目前沙地总面积的 24%。

(4)过度放牧

畜牧业是盐池的主要经济来源，但随着经济的发展，该县饲养量逐年曾加(图 4-4 为盐池县存栏变化情况)。对草场资源的过度利用导致荒漠化急剧加快，草原迅速退化。根据研究计算，全县草场现有可食青草量为 50 298.79 万千克。根据目前放牧水平，羊只全年只有 8 个月吃饱(3.5 千克/日)，4 个月吃半饱(2 千克/日)，则全年每个羊单位需要青草 1097.5 千克，如果按全年都能吃饱计算，则每个羊单位全年需要青草量 1277.5 千克。这里以平均每天每个羊单位中等水平计算，全年需要草量 1277.5 千克。按照 1983 年所测产草量计算：全县草场可载畜 = 446 109 只。全县有羊单位 489 324.5 个，超载 43 215.5 个。目前，盐池县绝大部分乡镇草场严重超载。

表 4-16　盐池县草场资源及载畜量

Tab. 4-16　The grassland resources and the carrying capacity

调查年度	可利用草场面积(亩)	平均可食青草产量(斤/亩)	可食青草总产量	容畜量	当年有羊单位	超载率(%)
1961	8889342	265.46	2359756122	1046455	599911	-74.0
1977	8173300	191.05	1561507300	692464	560962	-34.0
1981	7101380	132.40	940015281	416858	508326	21.9
1983	6898133	166.23	1005975830	446100	489324	9.7
1984	6898133	182.26	1257276406	557550	603607	8.3

* 注：盐池县农业区划报告汇编

由于自然条件，特别是降水状况的不稳定性，实际上各年天然草场的产量是不均衡的，各年的实际载畜量也是不相同的，表 4-16 为过去几次草场资源调查测得的产草量和载畜量。

从表 4-16 及图 4-4 可以看出，由于人为大面积开荒，全县可利用草场面积逐年减少，而牲畜存栏数却在每年增加(附录表 3：盐池县社会经济统计表，再此需要说明的是，自八十年代后期以来，随着牧业税收政策的调整，盐池县羊的统计数字与实际羊只存栏数之间存在一定差距，根据当地权威人士分析，盐池县九十年代以来，实际羊只存栏数在 80－100 万之间)，使草场负载加大，加上土壤本身含沙性大，植被低矮稀

疏，复盖度不大，草场所有权不清，社队之间交叉自由放牧，利用上吃"大锅饭"，不利用于草场建设和合理利用，导致草原严重退化、沙化和土地荒漠化。

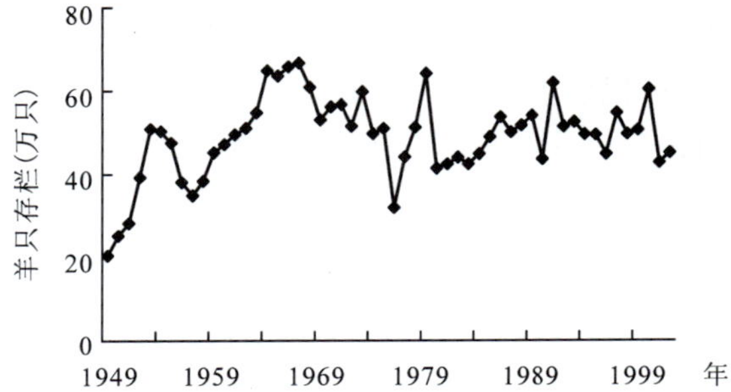

图 4-4　盐池县 1949～2002 羊只存栏数量动态

Fig. 4-4　The dynamic amounts of lifestock on hand (1949－2002)

以盐池县占据面积最大的中部草原为例，其植被退化演替序列与土地荒漠化程度关系如下：

针茅——胡枝子型(表土完整)

↓

禾草——杂草型(表土片状覆沙)

↓

苦豆子——杂草——禾草型(覆沙地)

↓

老瓜头——根茎禾草型(覆沙地)

草原超载过牧及不合理放牧导致草场退化，引起土地沙化。造成草场超载的原因包括：滥垦挤占牧场，使得草场面积缩小；牲畜存栏数增加，使得牲畜占有草场面积相对减小；20 世纪 80 年代以来，牲畜包干到户，草场承包到户的双承包责任制在广大牧区普遍实施。但由于地域辽阔，管理不便，利用混乱。因草场界限不清，抢占抢用草场现象严重，因争草、争地经常发生纠纷。目前吃草场大锅饭现象仍很普遍，草场有偿使用制度未能很好落实，在执行时一些地方只是按牲畜头数收取一定数量的草原管理费，由于没有将收费与使用草场的数量、质量和利用程度挂钩，出现了超载不罚的现象。草场承包不彻底，责权利不明确，利用的多，建设的少的情况还普遍存在。可喜的是，由于对草原生态环境认识水平的提高，自 2002 年 11 月 1 日起，在全县范围内实行草原禁牧，发展舍饲。这无疑会促进草原建设，有效遏制土地荒漠化。

(5)公众生态环境意识淡薄

受社会经济发展水平的制约，现阶段生态环境保护意识和荒漠化防治意识比较淡漠，相当一部分人，甚至一些领导干部，在发展经济的同时，对防治沙漠化态度冷漠，没有把沙漠化防治和生存环境联系起来，没有把沙漠化防治和当地长远的经济发展以及脱贫致富联系起来，在利欲驱动下不顾子孙后代的长远利益，造成一边治理、一边破坏，点上治理，面上破坏，局部好转，整体恶化。在盐池县，一方面可以看到封育及治理效果极好的典型(高沙窝日本援助项目、柳杨堡土沟全国防沙治沙工程试验示范区、及柳杨堡全国治沙模范白春兰等)，但更多的是大面积沙化土地。

(6)法律体系尚不完善、执法不严

虽然我国已颁布实施了《森林法》《草原法》《土地管理法》《农业法》《水土保持法》《环境保护法》《矿产资源法》等诸多与荒漠化有关的法律法规，这些法律法规对各行业系统保护环境、保护资源，规范人们的行动起到了积极的作用。但总的来看并不完善，有些法律针对生态保护仅是原则的论述，或者仅规定某一条或几条措施，不能全部涵盖沙漠化防治的内容，无法有效制止导致土地沙漠化的人为生产、经营和经济活动。由于《防沙治沙法》刚刚颁布，具体实施条例尚未出台，实际操作存在一定困难。

(7)治理投入不足、管理不善

尽管政府十分重视沙漠化防治工作，启动了一系列生态环境建设工程，投入了大量人力、物力、财力，并在部分地区出现了人进沙退的局面。但长期以来，防沙治沙经费紧张的问题一直没有得到很好解决。近年来经费尽管有所增加，但由于物价上涨和社会性支出加大，以及治理难度的增加，经费短缺的矛盾日益突出，部分群众的温饱问题还没有解决，地方财政比较困难，绝大多数财政赤字。盐池县是国家级贫困县，每年财政补贴高达2000多万元，难以统计出盐池县每年用于沙漠化防治的准确资金数字，但从治理效果可以反映出问题。统计数字表明，新中国成立以来，盐池县累计造林3 516 177亩，占全县总面积的10074 300亩的34.9%，事实上，目前盐池县有林地面积不足30万亩，森林覆被率不足5%，也就是说，以往盐池县造林保存率仅为20%～30%。足以说明管理问题严重。

(三)全球变化与荒漠化

全球变化(Global Change)与荒漠化(Desertification)是当前世界上重大的环境问题，困扰着全人类的生存和发展。

当前所讨论的全球变化，其核心问题是全球气候变化，即指工业化以来由于大量燃烧煤炭和石油，使大气中CO_2等温室气体浓度增加，这些温室气体的增加对于大气增暖起着非常重要的作用。

气候模式模拟表明，在下世纪，全球大部分地区的湿度和降水量平均值都很可能发生变化。陆地植被的分布也可能由此出现范围上的调整。Emanuel等人预测，当大气中CO_2含量增大一倍时，将导致气候变化，由此全球荒漠化面积会增加17%。干旱面积在任何方向上的扩大，都可能预示着全部生命赖以存在的生物圈的生产能力的丧失。根据我们的研究，荒漠化土地主要发生在干旱、半干旱牧区、农牧交错地区、沙漠边缘及现代化工矿业开发区和人口集中的乡镇附近农区。土地荒漠化是土地在这种条件下经过长时期逐渐退化的，荒漠化的发展和逆转是通过气候的干湿变化所制约。干旱气候的多变和过度的人类活动对荒漠化产生主要的影响。根据我国160个气象台站，1951～1991年共40年的气象资料，进行10年分段滑动平均，分析了我国干旱区的温度和干湿变化。结果表明：整个干旱区(极端干旱区除外)近40年平均气温呈上升趋势，从大的范围来看温度升高0.6℃(幅度摆动)，而降水量的总趋势是减少的，处于“0”线以下，总的趋势是趋于干旱。

综上所述，在全球变化的影响下，我国干旱区范围的扩大及荒漠化发展在不断加深；我国干旱区、半干旱区和半湿润区将变暖变干。

第五章 盐池县草地植被主要群落类型及分布特征

第一节 群落分类与排序概述

自然界的植物群落是植物与环境相互作用的产物（张文辉，2004），其空间分布特征受环境因子，生态、非生态因子，生境梯度等多种因素的影响。80年代以来，随着景观生态学、数量生态学以及植被生态学的不断发展，植被空间分布格局的研究成为植被生态学研究的焦点之一（Turner，1991；Mladenoff，1999；沈泽昊，2002；张峰，2003）。

目前，对植被群落划分、空间分布特征及环境解释的研究主要采用数量生态学方法，前者多采用TWINSPAN数量分类的方法进行，后者采用排序。植物群落数量分类的研究是从20世纪50年代开始的，到60年代电子计算机普遍应用，生物学与地学很多分支都采用了数量分类以后，才迅速发展起来。等级分类的原则是低级分类从属于高一级的分类，组类成员要求尽可能相似，而不同组的成员则尽可能地不相似。树状图（dendrogram）就是等级分类。植物生态学的研究中，对于收集到的大量庞杂的数据，单凭直觉推理几乎是无法处理的。数量分类方法，经过简化和分析，使原数据得到较少数目的类型或更清晰的格局。排序是基于植被连续分布的理论基础，与环境梯度相关并作为梯度分析基础的取样排列，被称为排序（Whittaker，1986）。排序主要致力于在一个低维空间里尽可能忠实地表现样方和种的关系（Everitt，1978；张金屯，1995）。排序的过程是将样方或植物种排列在一定的空间，使得排序轴能够反映一定的生境梯度，从而能够解释植被或植物种的分布与环境因子之间的关系，排序的目的是以排序来概括群落格局，将群落格局与环境信息相比，以产生一个排序（群落）结果的环境解释，最终是为了揭示植被－环境的生态关系。因此，排序也叫梯度分析，目的是为了揭示植物群落结构的空间分布格局变化与环境因子空间的关系（Digby，1987；唐海萍，2003）。

北方农牧交错带由于其特殊的地理位置，生态环境极脆弱，植被群落随生境梯度变化较为明显。探讨北方农牧交错带草地植被分布特征与环境因子之间的关系对区域植被恢复具有显著的意义：一方面，探讨植被群落分布特征可针对不同群落采取相应的植被恢复措施；另一方面，探讨植被分布的影响因子可在植被恢复措施中做到有的放矢。

本章研究盐池主要植被类型及分布特征，并对主要影响因子进行分析，从总体上掌握研究区主要植被类型和分布状况，为本研究项目开展植被动态研究奠定基础。此外，探讨盐池县主要群落类型及分布特征，可为区域植被生态学研究、哈巴湖国家级荒漠－湿地自然保护区植被资源清查、群落格局研究提供基础资料。

第二节 盐池草地植被数量分类及主要群落类型

《中国植被》的分类系统主要采用3级分类，即植被型(高级分类单位)，群系(中级分类单位)和群丛(基本分类单位)(吴征镒，1980)。采用TWINSPAN数量分类方法，将研究区草地植被在5级水平上划分为26个群落类型，相当于群丛水平上的划分，样方分类结果见图5-4。关于TWINSPAN数量分类方法见第三章研究方法。根据外业调查数据，盐池县草地植被主要包括3个植被型：草原植被、草甸植被和沼泽植被，草原植被包括荒漠草原、干草原和草甸草原植被等亚型；草甸植被包括典型草甸和盐生草甸2个亚型；沼泽植被主要包括禾草沼泽植被1个亚型。草原植被是盐池县草地植被类型的主体，草甸植被和沼泽植被较少。据盐池县农业区划报告，由草甸、沼泽植被构成的草场仅占全县草场面积的5.14%。实地调查并结合《中国植被》的植被分类原则对TWINSPAN分类结果作局部调整，将研究区草地植被划分为3个植被型，21个群丛类型。主要特征如下(调查样方内出现的常见植物拉丁名详见附表10)：

一、草原植被

草原植被是盐池主要植被类型，可分为荒漠草原、干草原和草甸草原植被等3个亚型。干草原建群种由旱生、广旱生植物组成，主要以黑沙蒿(*Artemisia ordosica* Krasch.)、大针茅(*Stipa grandis* P. Smirn.)、长芒草(*Stipa bungeana* Trin.)、干旱指示物种老瓜头(*Cynanchum komarovii* Al.)和苦豆子(*Sophora alopecuroides* Linn.)等为主。其中，黑沙蒿、老瓜头等构成的群落多是草原沙化演替形成的沙地植被类型，位于典型草原和荒漠草原过渡带，在盐池的中部、北部有大面积分布，有研究者将该类草原带沙地植被单独划分为一类，称为沙地植被(或沙生植被)；草甸草原植被主要由中生、旱中生植物为主，如白草(*Pennisetum flaccidum* Griseb.)、赖草(*Anaeurolepidium secalium* (Georgi) Tzvel.)、雾冰藜(*Bassia dasyphylla* O. Kuntze)、中亚滨藜(*Atriplex centralasiatica* Iljin.)等。盐池草甸草原分布较少，以白草草甸草原植被群系(Form. *Pennisetum flaccidum*)为主，白草是一种喜温、旱中生的根茎禾草，常常在沙质土撂荒地上形成单优种群落，也见于沟边路旁。这类群落为演替系列中的一个阶段，很不稳定。白草群落在中国分布很广，从东北辽河平原南部、华北、黄土高原直到西藏雅鲁藏布江河谷均有分布，但仅限于暖温带或温带南部森林草原及其相邻的森林地区(中国植被编写委员会，1995)。白草群落在盐池主要分布于低洼地、沙质撂荒地等，高沙窝、二道湖、苟池等地均有分布；荒漠草原主要以短花针茅(Form. *Stipa breviflor*)群落和一些一年生蒿类植物群落为主，在盐池西部和北部有分布。根据分类结果，同时结合《中国植被》的分类原则及研究区实地状况，草原植被型包括以下群丛：

Ⅰ 黑沙蒿＋雾冰藜＋苦豆子群丛(Ass. *Artemisia ordosica*, *Bassia dasyphylla*, *Sophora alopecuroides*)：该群丛属小灌木草原群系组。群落覆盖度大于50%左右，高度大于40cm。群落有分层现象，第一层为半灌木黑沙蒿，第二层是为苦豆子，第三层是雾冰藜。其它伴生物种还有狗尾草(*Setaria viridis* (L.) Beauv.)、小画眉草(*Eragrostis poaeoides Beauv.*)等一年生草本植物。该群丛主要分布在盐池县中部、北部的广大地区，南部也有少量分布，哈巴湖地区北部、高沙窝大部等区域有大面积分布。此外，在柳杨堡人工封育区，黑沙蒿中占有绝对优势。柳杨堡人工封育区自2000年底全面封育后，随着封育时间延长，黑沙蒿由于其独特的生态、生物学特性，使其在封育后的几年迅速成为封育区的优势种群。

Ⅱ 黑沙蒿+刺沙蓬+白草群丛(Ass. *Artemisia ordosica*, *Salsola ruthenica*, *Pennisetum flaccidum*)：群落高度一般大于30cm，盖度大于40%，主要分布在一些受人为干扰较小的天然草场和地势较平坦或低洼的区域，以农田周边分布较为集中。群落以黑沙蒿和一年生草本植物刺沙蓬(*Salsola ruthenica* Iljin)为主，有分层现象，第一层为黑沙蒿，第二层刺沙蓬和白草等草本植物。值得一提的是，刺沙蓬由于调查前期降水量较为丰富而迅速增长，使其在群落中占有了一定的优势地位，这也表明盐池县植被仍处于恢复阶段，群落结构受降水影响较大，一年生草本植物仍占有较为重要的地位。

Ⅲ 苦豆子+刺沙蓬+猪毛蒿群丛(Ass. *Sophora alopecuroides*, *Salsola ruthenica*, *Artemisia scoparia*)：群落高25cm左右，盖度近50%，主要分布在盐池县草原带砂质土壤上。群落有分层现象，第一层以苦豆子和猪毛蒿(*Artemisia scoparia* Waldst. et Kit)为主，第二层为刺沙蓬等草本植物。

Ⅳ 达乌里胡枝子+赖草+白草群丛(Ass. *Lespedeza davurica*, *Anaeurolepidium secalium*, *Pennisetum flaccidum*)：群落平均高25cm左右，盖度约45%，分布在退耕地、撂荒地以及部分受人为干扰较大的天然草地。群落第一层以赖草、白草等多年生禾本科植物为主，第二层以达乌里胡枝子等植物为主，高度在10cm左右，第三层是刺沙蓬、骆驼蓬、狗尾草等低矮植物。达乌里胡枝子是该群落的建群种，赖草、白草、刺沙蓬等为优势种，伴生种主要有骆驼蓬、狗尾草、蒺藜(*Tribulus terrestris* L. Sp. Pl.)、丝叶山苦荬(Ixeris chinensis (Thunb.) Nakai)等。

Ⅴ 苦豆子+赖草+碱地凤毛菊群丛(Ass. *Sophora alopecuroides*, *Anaeurolepidium secalium-Saussurea runcinata*)：群落分布在盐碱滩、低洼地等水分条件相对较好的区域。四儿滩湿地周边草地生境内有大量分布，受湿地水分、物质等输送的影响，群落比较为发达，盖度在50%以上，高度达35cm。群落有分层，第一层为苦豆子、赖草和碱地凤毛菊(*Saussurea runcinata*)等种群，第二层由灰菜(*Chenopodium glaucum* Linn.)、苣荬菜等杂草组成。碱地凤毛菊、灰菜等是该群落分布区域的指示种。

Ⅵ 短花针茅+糙隐子草群丛(Ass. *Stipa breviflora* + *Cynanchum komarovii*)：该群丛主要分布在盐池西部、北部平沙地、伏沙地，中部地区也有零星分布。群落高20cm左右，盖度年度变化较大，一般在40%左右。群落中多见的伴生种有甘草(*Glycyrrhiza uralensis* Fisch.)、灌木亚菊(*Ajania fruticulosa* (Ledeb.) Poljak.)、猪毛蒿、银灰旋花(*Convolvulus ammannii* Desr.)、绳虫实(*Corispermum declinatum* Steph. ex Stev.)、小变蒿(*Artemisia comutata* var. *pumila*)、老瓜头、猫头刺(*Oxytropis aciphylla* Ledeb.)、狗尾草(*Setaria viridis* (Linn.) Beauv.)、雾冰藜等。

Ⅶ 猪毛蒿+刺沙蓬+达乌里胡枝子群丛(Ass. *Artemisia scoparia*, *Salsola ruthenica*, *Lespedeza davurica*)：群落高度较低，20cm左右，但盖度较高，达60%。由于群落中达

乌里胡枝子、刺沙蓬等猪毛蒿均较低矮，分层不明显。该群丛多分布在撂荒地，土壤质地疏松，为砂质土壤。群落分布区域水分条件较好，植被盖度较大。盐池自2002年开始实施退耕还林工程以来，很多农耕地逐渐撂荒，此后继续耕作的较少，该群丛在撂荒地的迅速发展壮大，表明撂荒作为一种植被恢复措施是可行的。

Ⅷ 刺沙蓬＋达乌里胡枝子＋老瓜头群丛（Ass. *Salsola ruthenica*, *Lespedeza davurica*, *Cynanchum komarovii*）：群落盖度50%左右，高度为30cm以上。有明显分层现象，第一层以老瓜头、猪毛蒿等植物居多，第二层为刺沙蓬、达乌里胡枝子等。群落主要分布在草原带砂质土地，是以刺沙蓬为建群种，达乌里胡枝子为优势种构成的草原群落。达乌里胡枝子为次优势成分或伴生成分，属中旱生植物。该群落在盐池县实施全县封禁以来迅速壮大，在柳杨堡乡、青山乡、大水坑镇等地均有分布。群落以刺沙蓬为健群种，优势较为明显，由于2006年植物生长季节降水较为丰富，为一年生植物刺沙蓬迅速生长提供了有利的外部因素，此外全县禁牧也是一年生杂草迅速发展壮大的外部因素。但是，也从另外一个角度说明了盐池县部分区域还未形成以多年生植物为建群种的稳定群落，植被处于恢复阶段。

Ⅸ 白草＋刺沙蓬＋猪毛蒿群丛（Ass. *Pennisetum flaccidum*, *Salsola ruthenica*, *Artemisia scoparia*）：群落高30cm，盖度超过50%，主要分布在受人为干扰较小、土壤水分条件较好的天然草地植被带以及近年来的退耕还地。群落以白草为建群种，刺沙蓬和猪毛蒿等为优势种群，其它植物还有狗尾草、地锦草（*Euphorbia humifusa* Willd.）等植物，属白草草甸草原群系。有分层现象，第一层是以白草、猪毛蒿为主，第二层由刺沙蓬等高度10cm左右的植物种群构成，第三层以狗尾草、地锦草等低矮贴地生长的植物为主。盐池县高沙窝镇新老项目区有大面积分布，此外，苟池湿地周边以及2001年以来的退耕地等均有分布。

Ⅹ 北芸香＋雾冰藜＋蒙古虫实群丛（Ass. *Haplophyllum dauricum*, *Bassia dasyphylla*, *Corispermum mongolicum*）：群落高度15cm左右，盖度55%左右，随当年降水变化较大。群落无明显分层，主要分布在湿地周边，其中，以哈巴湖湿地、四儿滩湿地周边分布较多。受湿地水分条件的影响，形成了草甸草原植被。群落中北芸香（*Haplophyllum dauricum*（L.）G. Don）优势地位明显，其次是雾冰藜和蒙古虫实（*Corispermum mongolicum* Iljin），其它植物种群还有少量芦苇（*Phragmites australis*（Cav.）Trin. Ex Steud）、刺沙蓬、猪毛蒿等分布。

Ⅺ 蒙古虫实－刺沙蓬＋披针叶黄华群丛（Ass. *Corispermum mongolicum*-*Salsola ruthenica*, *Thermopsis shischkinii*）：群落高度较高，超过40cm，盖度60%以上。该群落是一年生杂类草蒙古虫实和刺沙蓬为主要优势种群组成的杂类草草甸草原植被群落，除蒙古虫实和刺沙蓬外，其它优势植物还有披针叶黄华和雾冰藜，伴生植物有猪毛蒿、苦豆子、草木犀状黄芪（*Astragalus melilotoides* Pall. It.）、骆驼蓬（*Peganum harmala* Linn.）等种群。群落第一层由少量猪毛蒿、苦豆子等组成，但在群落中不占优势，第二层由蒙古虫实、刺沙蓬等构成，是该群落的主要层，在整个群落中占据主导地位，第三层由少量贴地生长的地锦草等组成。该群落在盐池县分布较少，主要分布在水份较好的砂质草原植被带，受人为干扰较大，群落数量特征如盖度、生物量年度变化大。

Ⅻ 雾冰藜＋沙芦草＋西伯利亚蓼群丛（Ass. *Bassia dasyphylla*, *Agropyrom mongoli-*

cum，*polgonum sibiricum*)：群落高度超过30cm，盖度较高，达60%左右。该群落属草甸草原植被，分布在水份较好的疏松沙地、低洼地，以及沼泽湿地周边，如哈巴湖湿地、高沙窝湿地周边等。受湿地水分条件的影响，群落较为发达。群落大致可分3层，第一层以沙芦草、赖草等较高的植物为主，第二层以雾冰藜、西伯利亚蓼(*Polygonum sibiricum* Laxm.)等较低的植物种群为主，高度在10cm以下，是构成第二层的优势种群。

XⅢ 白草+赖草+刺沙蓬群丛(Ass. *Pennisetum flaccidum*，*Anaeurolepidium secalium*，*Salsola ruthenica*)：该群落属于草甸草原植被亚型，以多年生根植物白草为建群种，赖草、刺沙蓬、苦豆子为优势种，其它种群还有苣荬菜(*Sonchus brachyoutus* DC.)、阿尔泰狗娃花(*Heteropappus altaicus* (Willd.) Hovopokr.)等植物。该群落主要分布在水分条件较好的区域，高沙窝、苟池等地有成片分布。群落较为发达，盖度可达60%以上，高度超过30cm。群落无明显分层现象。

XⅣ 赖草+碱地风毛菊+西伯利亚蓼群丛(Ass. *Anaeurolepidium secalium*，*Saussurea runcinata*，*polgonum sibiricum*)：群落盖度60%以上，平均高度5-50cm不等，无明显分层。赖草在群落中占绝对优势，盖度达40%，其次是碱地风毛菊。其它植物如芦苇、披针叶黄华、蒲公英、西伯利亚蓼、苣荬菜、草地风毛菊等也有分布。群落分布在苟池、四儿滩等盐碱湿地周边，受湿地影响较大。

草原植被类型中的大针茅草原(Form. *Stipa grandis*)、长芒草草原(Form. *Stipa bungeana*)等典型草原，主要分布在盐池南部山区。由于近几十年人类活动的影响，上述群落已逐步退化，栽培植物逐渐占据主导地位，调查仅发现一些沟道、路旁有少量分布，大面积连片分布的已经较少。

图5-1 草原植被景观

Fig. 5-1 Grassland vegetation landscape in Yanchi County

二、草甸植被

盐池县草甸植被型主要包括2个亚型，即盐生草甸植被和杂草草甸植被。盐池草甸植被属于非地带性植被，是由于湿地这一特殊的生境类型的存在而导致草甸植被在盐池的分布，主要分布在湿地周边水分条件较好的区域，属隐域性植被类型。群落主要由中生、盐中生植物种群为主，其中芨芨草(*Achnatherum splendens*（Trin.）Nevski)、白刺(*Nitraria tangutorum* Bobr.)分布较为广泛。

XV 芨芨草群丛(Ass. Achnatherum splendens)：该群落是盐池县主要的草甸植被类型，也是哈巴湖湿地自然保护区重要的群落类型之一。该群落盖度一般超过 70%，最高可达 100%，高度最高可超过 2m。哈巴湖、四儿滩、高沙窝、苟池、二道湖等几大湿地均有成片分布，尤其哈巴湖连绵数公里，形成了保护区一道壮丽的景观。伴生种较多，哈巴湖湿地境内以碱蓬(*Suaeda salsa*（L.）Pall)、碱地肤(*Kochia sieversiana*)、赖草、中亚滨藜、披针叶黄华(*Thermopsis shischkinii*)、芦苇、刺穗藜(*Chenopodium aristatum* Linn.)等为主要伴生种；高沙窝湿境内以猪毛蒿、赖草、沙芦草(*Agropyron mongolicum* Keng)等为伴生种；苟池湿地以猪毛蒿、赖草、碱地风毛菊、狗尾草、虎尾草(*Chloris virgata* Swartz.)等为伴生种；四儿滩湿地以猪毛蒿、狗尾草、草地风毛菊、北芸香、碱蓬、赖草、西伯利亚蓼、骆驼蓬、海乳草(*Glaux maritima* Linn.)等为主要伴生种。

XⅥ 白刺 + 白草 + 赖草灌丛(Ass. *Nitraria tangutorum*, *Pennisetum flaccidum*, *Anaeurolepidium secalium*)：群落盖度 70% 左右，由于受盐碱化程度影响，群落仅 20cm 左右。群落分为灌木和草本 2 个层次，灌木层以白刺为主，盖度 50% 左右，高度超过 20cm；草本层以白草和赖草为优势种，其它还有臭蒿(*Artemisia hedinii*)、碱地风毛菊、苦豆子、刺沙蓬等植物，盖度 25% 左右，高度 4 ~ 40cm 不等。群落分布在湿地 - 草原的群落交错带，因此群落盖度较高，也是群落交错带边缘效应的一个体现。

XⅦ 西伯利亚蓼 + 臭蒿 - 北拟芸香群丛(Ass. *polgonum sibiricum*, *Artemisia hedinii-Haplophyllum dauricum*)：该群落是由多年生草本植物组成的草甸植被。群落主要分布在地形较低，水分条件好低洼地、沼泽地，四儿滩湿地生态系统群落交错带有分布。群落高度小于 10cm，较矮；盖度 40% 以上。该群落以西伯利亚蓼为建群种，臭蒿、北芸香等为优势种，其它还有白草、雾冰藜等植物种群，多为多年生草本植物。群落无明显分层。

图 5-2　草甸植被群落景观

Fig. 5-2　Meadow vegetation landscape in Yanchi County

三、沼泽植被

沼泽植被分布在其独特的生境中，形成了自身所特有的生态生物学特性。因为沼泽是隐域性植被，分布范围、生态外貌、群落特征等较复杂。盐池沼泽植被集中分布在哈巴湖、四儿滩、苟池、二道湖等湿地的湿生(盐生)带，以耐湿、耐盐碱的小灌木、多年生草本植物为主，属非地带性植被。由于湿地盐碱化程度较高，沼泽植被植物种类较为单一，且分布较不均匀，植物物种多样性较低(李瑞，2006b；李瑞，2006c)。盐池沼泽植被有 4 个主要群丛，多属于芦苇沼泽群系(Form. *Phragmites comunis*)。

XⅨ 芦苇 + 碱蓬 + 西伯利亚蓼群丛(Ass. *Phragmites communis*, *Suaeda salsa*, *polgonum sibiricum*)：群落属典型沼泽植被，干旱、半干旱区盐碱湿地分布较多，以耐湿、耐盐碱的植物种群为主。群落受湿地盐渍化影响，高度仅 10cm 左右、盖度 20%，较一般芦苇沼泽群系低。群落以芦苇为主要优势种，其它还有碱蓬、西伯利亚蓼等种群在该群落中也占有重要地位。

XⅧ 盐爪爪 + 白刺 + 芦苇群丛(Ass. *Kalidium foliatum*, *Nitraria tangutorum*, *Phragmites communis*)：该群落也属典型沼泽植被，分布在沼泽湿地，受湿地盐碱化程度的影响，群落主要以耐盐碱、耐湿的植物种群为主。群落盖度较高，近 90%，高度为 30cm 左右。盐爪爪、白刺为主要建群种，芦苇为优势种；群落分层不明显。

XX 盐爪爪 + 碱蓬 + 芦苇群丛(Ass. *Kalidium foliatum*, *Suaeda salsa*, *Phragmites communis*)：该群丛属典型沼泽湿地植被类型，分布在湿地生态系统，结构较为单一，无明显分层现象，仅盐爪爪、碱蓬和芦苇 3 种植物，群落盖度 43%、高度 30cm。盐爪爪为多年生小半灌木，极耐盐碱、耐湿，是该灌丛的绝对优势物种，在四儿滩、骆驼井、二道湖等沼泽湿地分布广泛。

XⅪ 芦苇 + 海乳草 + 蒲公英群丛(Ass. *Phragmites communis*, *Glaux maritim*, *Taraxacum mongolicum*)：该群落主要分布在半干旱区水分条件较好的区域，如湿地与草原过渡带、低洼地以及人工水域周边等。湿地 - 草原过渡带有大量分布，该区域水分条件好，盐渍化程度相对也较低。群落分为 2 层，第 1 层是芦苇层，较高，一般超过 30cm，2006 年外业调查中最高的可超过 100cm，较群落群落 XⅨ 中的芦苇高，也从另外一个角度说明盐渍化对植被生长的影响。

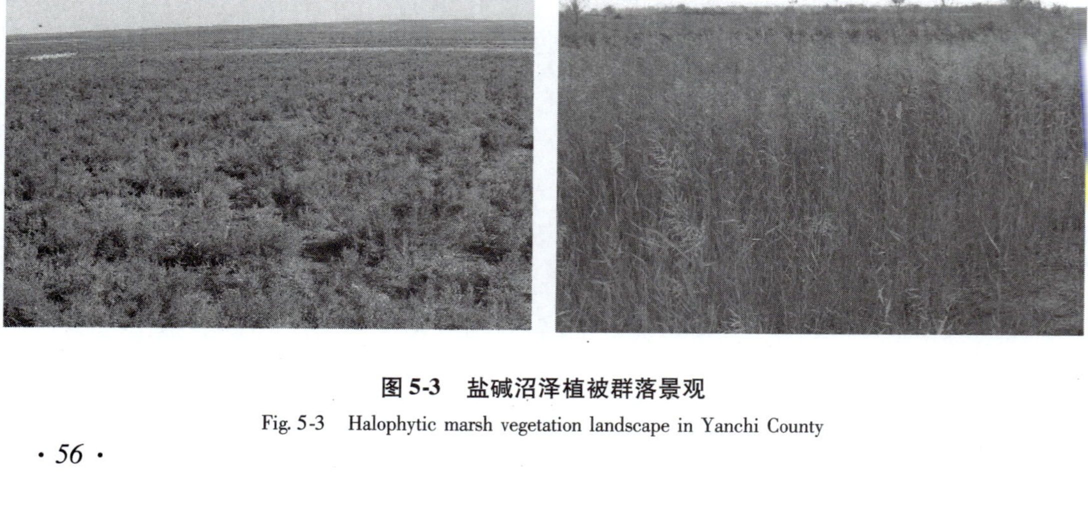

图 5-3　盐碱沼泽植被群落景观

Fig. 5-3　Halophytic marsh vegetation landscape in Yanchi County

图 5-4 盐池县草地植被群落数量分类矩阵

Fig. 5-4 The grassland community quantitative classification matrix in study area

盐池草地植被除上述3种主要类型外，还有少部分荒漠植被，主要分布在盐池西部的鸦儿沟等地，主要包括藏锦鸡儿群落(Form. *Caragana tibetica*)和猫头刺(Form. *Oxytropis aciphylla*)群落等。藏锦鸡儿群落覆盖度50%，呈垫状生长，分布均匀，高度30厘米左右。群落中占优势的还有短花针茅、甘草(*Glycyrrhiza uralensis* Fisch)、骆驼蓬等；猫头刺群落在鸦儿沟等地有大面积分布，系草场退化后而形成。猫头刺呈垫状生长，分布均匀，覆盖度可达80%。群落中还见老瓜头、甘草、灌木亚菊(*Ajania fruticulosa* (Ledeb.)、二裂委陵菜(Potentilla bifurca L.)、短花针茅等。

第三节　盐池草地植被群落分布特征

一、盐池草地植被DCA二维排序

采用DCA排序方法对样方进行排序，前4轴的数量特征值分别为0.414、0.223、0.185和0.177，前2轴数量特征值超过60%。图5-5是根据排序轴的第1轴(AX1)和第2轴(AX2)绘制而成的二维排序图。从图可以看出，研究区植物群落可明显划分为3个组。据第1轴(AX1)从左到右排序结果，可将群落分为3组，分别代表3个不同的植被类型：①草原植被，主要分布在天然草地、退耕地、封育草地、固定沙地以及湿地生态系统的周边区域等，是研究区主要植被类型；②草甸植被，该植被型主要分布在湿地和干旱草原的交错带及低洼地等区域，分布区域一般水分条件较好。该类型在研究区分布不多，但由于水分条件好，生长状况较好，对区域生态平衡起着积极的作用；③沼泽植被，该植被型主要分布在沼泽湿地生态系统，由于盐渍化程度较高，该植被型生长状况较差。但是由于湿地本身的水分条件较好，对调节周边生态平衡起着较大的作用，尤其对交错带植被群落的影响更为显著。上述3个植被型和TWINSPAN分类结果基本一致。

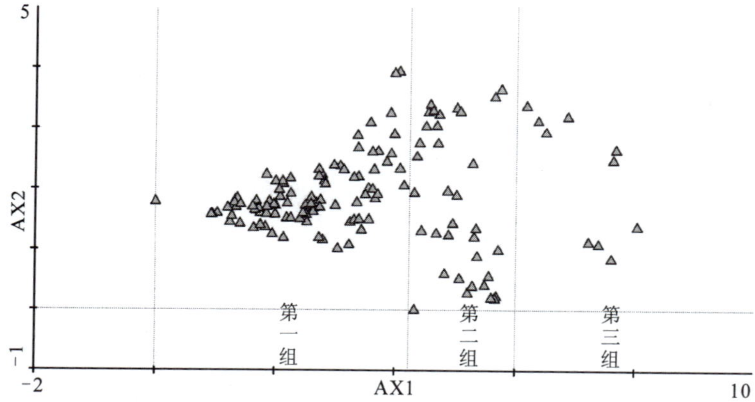

图5-5　盐池县草地植被DCA二维排序

Fig. 5-5　Two-dimensional DCA ordination in grassland ecosystem, Yanchi County

二、盐池草地植被分布的主要影响因子

从上述 TWINSPAN 分类和 DCA 排序结果知，盐池县植物群落主要包括草原植被、草甸植被和沼泽植被。从空间分布格局来看，草原植被主要分布在土壤质地较差，沙化较为严重的区域，如固定沙丘、天然草地、封育草地等，是研究区主要的植被类型；草甸植被分布在水热条件较好的低洼地以及湿地和草原的交错带，该类植被生长状况较好，但分布较少；沼泽植被主要分布在沼泽湿地，受盐渍化的影响，植被分布不均匀。影响植被空间分布格局的主要环境因子可通过排序轴与环境因子的相关分析得出。第一轴 AX1、第二轴 AX2 与土壤环境因子的 Spearman's 秩相关关系见表 5-1。从表可以看出，第一轴 AX1 和土壤含水量在 0.01 水平上呈极显著正相关，相关系数为 0.753，表明土壤水分条件对区域植物群落影响较大。土壤水分条件是盐池县植物群落沿 DCA 第一轴 AX1 从左到右排列的主要土壤环境解释(图 5-5)。全 N、速 K 和 AX1 在 0.05 的水平上呈显著相关，相关系数分别为 0.611、0.591。此外，从表还可以看出，除全 P 和 PH 值外，其它几种土壤环境因子如速 N、全 K、有机质、容重等和第一轴 AX1 相关性均较高，但未达到显著相关，表明土壤环境因子对研究区草地植被空间分布均有不同程度的影响。

表 5-1　DCA 排序轴与土壤环境因子的 Spearman's 秩相关关系

Tab. 5-1　Spearman's correlation between DCA ordination axes and soil factors

	全 N	速 N	全 P	速 P	全 K	速 K	PH	有机质	含水量	容重
Ax1	0.611*	0.423	0.084	0.315	-0.530	0.591*	-0.032	0.494	0.753**	-0.557
Ax2	0.242	0.181	-0.151	-0.091	-0.312	-0.125	0.150	0.018	0.571	-0.438

* $p<0.05$(t 双尾检验，t two-tailed test) ** $p<0.01$(t 双尾检验)

第二轴和土壤环境因子秩相关关系均不密切，表明影响第二轴的主要因素并不是来自土壤等环境因子。分析盐池县植被沿着第二轴(AX2)从下至上排序的影响因子主要有 2 个：一是不同植被恢复措施是主要影响因子。外业调查时，我们按照不同植被恢复与保护措施划分了退耕还草地、封育草地、天然草地、撂荒地、固定沙地、湿地等类型进行调查，样地类型间由于植被恢复措施不一致而导致空间排序的分化；其二，放牧等人为活动也是影响盐池县植被沿第二轴分布的一个因素，从下到上基本反映了受人为活动干扰程度从大到小的排序。尽管自 2002 年盐池县实行了全县禁牧，但放牧、挖掘干草及野菜等人为活动时有发生，距离居民点越近，受人为干扰越严重。

第四节　小结及讨论

一、小　结

TWINSPAN 数量分类结合研究区实地情况，同时参考《中国植被》的分类系统，将研究区草地植被群落划分为 3 个植被型，21 个群丛类型。3 个植被型分别为草原植被、

草甸植被和沼泽植被。草原植被分布范围广泛，是盐池县主要的植被类型；草甸植被主要分布在低洼地、湿地和草原的过渡带等水热条件较好的区域，属于非地带性植被；沼泽植被主要分布在沼泽湿地，属隐域性植被。受干旱区湿地盐渍化程度较高的影响，沼泽植被生长状况较差，且分布不均匀。

DCA 排序结果和 TWINSPAN 分类结果相似，将研究区植被划分为明显的 3 组，分别代表草原植被、草甸植被和沼泽植被。DCA 排序的前 4 轴数量特征值的平均值分别为 0.414、0.223、0.185、0.177。

DCA 排序的前两轴和土壤环境因子秩相关分析结果表明，土壤水分条件是 DCA 第 1 轴排序结果的主要影响因子。此外，全 N、速 K 也是第 1 轴排序结果的主要环境解释。第 2 轴排序结果和放牧等人为干扰以及不同植被恢复措施关系密切。

二、讨论

重要值(importance value)是以种群综合数量特征值来表示群落中各植物种的相对重要性。对于以草本植物和小半灌木为主的草地植被研究，采用 1－3 个特征指标(盖度、高度等)进行测度较为普遍(程占红，2004；赵丽娅，2005；张丽霞，2001)，对植被生长较好的地区而言，1～3 个指标可综合反映植物种群的相对重要性，但对植被生长状况较差或植物种类较为单一的干旱、半干旱地区生境而言，较少的数量指标并不能全面、准确地体现植物的相对重要性。同时，由于外业调查不可避免的会因人为因素而造成误差，如对盖度的估测，由于调查小组间的标准不同而造成误差等。因此，仅选用盖度等少数植物特征指标进行湿生带植物重要值计量将会造成误差。如植物生长较好、物种丰富度指数较高的草甸植被带，一些多年生草本植物如芨芨草、白草等其株高占很大优势而其生物量却不及某些肉质草本植物如盐爪爪等。此外，现场称重的生物量误差较小，能够客观的反映种群在群落中的重要程度。因此，对北方农牧交错带草地植被而言，应尽可能多地考虑植物数量特征。综上，本项研究在选用重要值计量指标时，综合考虑了研究区植物生物、生态学特征，同时结合研究区生境特征，选用了 5 个植物特征指标：株高、盖度、多度、生物量、频度等进行重要值计量，这样可较为全面、客观地反映植物在群落中的重要性。一般分类和排序均基于重要值，故重要值的客观程度直接影响分类和排序结果，尤其建群种的确定更是如此。

从全球角度来看，植被类型表现了植物界对主要气候类型的适应，而每个气候类型或分区都有一套相应的植被类型与之相对应(左小安，2005)。而对特定的气候区，植物群落是在一定的区域内与其所处的生境密切相关的时空过程(张治国，2002)。研究区植物群落类型及空间分布特征也与其所处环境密切相关。盐池县处北方农牧交错带，属北温带气候区，以草原植被为主。因特殊的地形地貌及气候特征，盐池有一定湿地分布。因此，其它非地带性植被类型如草甸植被、沼泽植被等也有分布。草原植被分布较广，是盐池主要植被类型；草甸植被分布在低洼地及湿地和草原的交错带，均是水热条件较好的区域；沼泽植被分布在湿地。草甸植被和沼泽植被受土壤环境因子影响较大，其中土壤水分是非地带性植被分布的主要影响因子，这与相关研究结果一致(杨晓晖等，2005)，其它土壤因子如全 N、速 K 等对植被分布的影响也较大。表明土地相对贫瘠的干旱、半干旱区，土壤养分含量对区域植被类型和分布影响较大。

盐池地处北方农牧交错带，自南向北地形上是从黄土高原向鄂尔多斯台地（沙地）过渡地带，气候上是从半干旱区向干旱区的过渡地带，植被上从草原植被向荒漠植被过渡。这种过渡特征造成盐池植被分布也较为特殊，植被类型除草原植被外还有少量荒漠植被、草甸植被和沼泽植被。由草原植被向荒漠植被过渡的区域分布大量的黑沙蒿、老瓜头等非地带性植物种群构成的群落，有研究者称这类植被群落为沙地植被（李志熙，2005；凌佐志，2002；黄永梅，2006）。黑沙蒿群落是盐池主要的群落类型之一，分布在中北部广大区域。此外，黑沙蒿群落为鄂尔多斯高原及其邻近地区所特有，集中分布在鄂尔多斯地区的毛乌素沙地和宁夏河东沙地，在鄂尔多斯高地的景观中起到重要的作用（王立群，2002）。根据《中国植被》对农牧交错区草原荒漠过渡植被特征的描述，同时结合目前盐池的沙化状况，将黑沙蒿、老瓜头等构成的沙地植被划分到草原植被型。

从盐池草地植被群落分类知，盐池草地植被类型较丰富，除草原植被外，还有草甸植被、沼泽植被等。气候是决定地球上植被类型及其分布的最主要因素，植被则是地球气候最鲜明的反映和标志（张新时，1993）。从气候类型来看，盐池草地植被应以草原植被为主，但由于湿地这一特殊生境类型的存在，使盐池草地植被除了草原植被外还有草甸植被和沼泽植被。草甸和沼泽分布在不同的气候地带，而不能形成独立的地带，被称为隐域分布的（泛地带性）植被类型。它们主要受非地带性环境条件制约，但也受当地气候特征影响而有变化，其中草甸可以分为大陆草甸、低地草甸、高山草甸、亚高山草甸等（武吉华，2001）。盐池草甸植被主要分布在湿地－草原交错带，群落发达，盖度、生物量、群落高度等数量指标均较高，充分体现了群落交错带的边缘效应。此外，群落交错带边缘效应还是植被动态的重要组成部分。因此，本书将湿地－草原交错带群落边缘效应作为一种特殊的植被动态类型单独讨论（第十章）

第六章　盐池草地植被主要种群分布格局波动

第一节　植物种群及动态研究概述

植被群落由植物种群构成，因此，研究植被动态首要考虑的就是种群的动态。在植被动态学研究中，种群动态是揭示植被演替过程的关键(彭少麟，1994)。

从认识植被或群落的指导思想到具体方法来讲，主要有2条途径。一条是在群丛单位理论(association unit theory)指导下的群落学研究；另外一条是从种群的独立性假说(individualistic hypothesis)出发的群落种群研究。群丛单位理论是在肯定群落类型(群丛)是"自然实体"的前提下，研究植被基本单位(群丛)的系统分类、地理分布、群落演替等。这一理论的创造者有 Sukachev(1910)，Braun-Blauquet(1913)及 Clements(1917)，分别代表了前苏联学派、法瑞学派和英美学派的创始人。种群独立性假说则相反，不是先认定群落类型(群丛)，而是以群落的构成组分－种群组成的时空变化为基础，来人为分类群落，揭示环境、群落和种群的相互关系、相互作用等，当然也研究群落的地理学和发生学问题。这一假说的代表人物有前苏联的 Ramenskii(1910)、Rabotnov(1950)，美国的 Gleason(1926)、Curtis(1953)、Whittaker(1962)、McIntosh(1967)，欧洲的 Lenoble(1927)和 Ellenberg(1954)等。

20世纪70年代以后，一些著名种群生态学研究者对群落种群结构和动态进行了深入研究(Harper & White，1985；Rabotnov，1985)，同时群落中的的优势种和特征种、生态种组的种群统计和分布格局的定量化的研究也得到开展(Whittaker，1973；Ellenberg，1974；Westhoff & Maarel，1978)，这就大大促进了植被种群动态学的发展。

20世纪90年代以来，国内外关于植被群落种群动态学研究开展了大量工作，涌现出大量文献。主要集中在种群动态原理与方法(Grei-Smith，1979；Grei-Smith，1983；郑元润，1993；杨持，1983；杨在中，1984；王伯荪，1995；周纪纶，1992)、空间分布格局动态特征(梁士楚，1992；黄志伟，2001；邢福，2002；尹爱国，2006；苏志尧，2000)、动态生命表(李博，1999；周纪纶，1992；谢宗强，1999)、生态位原理及其动态(彭少麟，1994；彭少麟，1995)、种群数量动态(王伯荪，1987；张景光，2001；董世魁，2003；多立安，1996)等诸多方面对种群动态进行研究。

种群动态(波动)是群落演替、波动的内部原因。因此，研究群落的波动，首先需研究种群的动态特征。本章通过对盐池主要种群数量特征、分布格局、生态位年际波动的探讨，试图了解区域草地植被种群动态特征及影响种群动态的主要因子，揭示群落动态的内部原因，为群落尺度上的动态特征分析奠定基础。

关于种群综合数量特征指标重要值、种群格局指数、生态位测度等详见第三章研究方法。

第二节　盐池草地植被主要种群波动

一、盐池近年主要植物种群数量波动

种群的数量特征值有盖度、高度、生物量、密度等，单独用某种数量特征指标来描述种群会造成偏差，如盐爪爪等肉质植物其生物量较高，但其高度等却较低。因此，采用种群综合数量特征指标重要值来分析种群数量特征值年际变化较为科学。

研究区主要植物种种群 2002 ~ 2006 年数量特征波动详见表 6-1。从表可以看出，植物种群数量特征年际波动较为明显，种群间波动趋势存在较大差异。种群综合数量特征指标重要值又称为种群生态优势度，重要值越大，则种群的重要程度也越大，也即优势程度越大。

2002 ~ 2006 年，黑沙蒿始终保持较大的数量特征指标，且呈波动式上升（图 6-1），5 年分别为 9. 99、12. 91、16. 06、14. 5、17. 29。黑沙蒿又称沙蒿、油蒿，为菊科蒿属多年生半灌木，高 20 ~ 100cm，在干旱、半干旱沙质壤土分布较广，生长在固定、半固定沙丘或覆沙梁地、砂砾地上，具有耐严寒、耐旱等生物学特性，故黑沙蒿生活力强，对环境资源利用能力较强。2002 ~ 2006 年黑沙蒿数量特征指标保持波动式上升趋势，受降水等气象因子影响较小，表明黑沙蒿较为稳定，是研究区主要建群种之一。刺沙蓬数量特征指标同黑沙蒿一样呈波动式上升，且其增长幅度较高。刺沙蓬为一年生农田杂草，在研究区实施全面禁牧和封育后，杂类草迅速生长并占据较大的生态位空间，刺沙蓬即是典型代表之一。

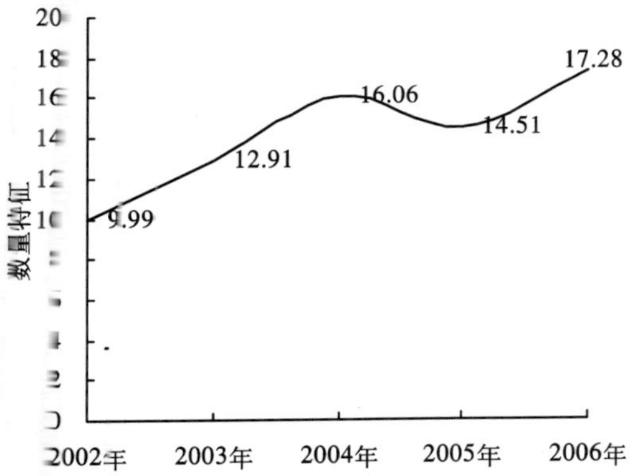

图 6-1　黑沙蒿数量特征波动曲线

Fig. 4-1　Quantitative characters fluctuation of *Artemisia ordosica*

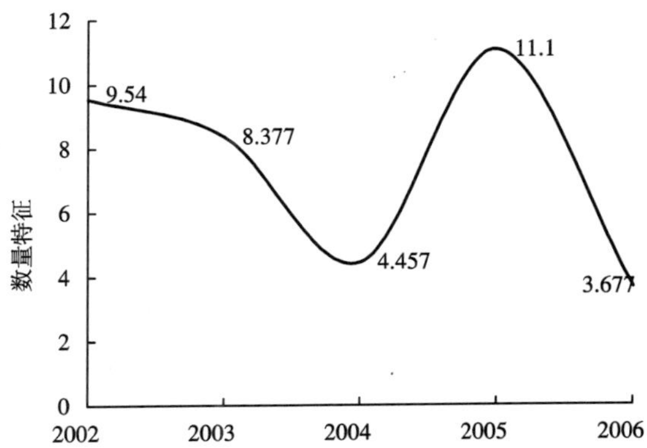

图 6-2　老瓜头数量特征波动曲线

Fig. 6-2　Quantitative character fluctuation of *Cynanchum komarovii*

老瓜头为多年生半灌木状草本植物，是草原退化和区域干旱指示植物种，其综合数量特征 2002 ~ 2006 年分别为 9. 54、8. 37、4. 45、11. 1 和 3. 67。波动曲线见图 6-2，从曲线可以看出，2005 年老瓜头数量特征值最大，为 11. 1。分析 2005 年老瓜头数量特征值较高的原因，2005 年植物生长季节较为干旱（图 6-5，附录表 5 至表 9）导致其它植物生长受到限制，而老瓜头耐旱、抗瘠贫等特性使其在干旱年仍然保持较好的生长状况，占据较大的资源空间。就整体而言，老瓜头数量特征指标 2002 ~ 2006 年较为稳定。此外，苦豆子 2002 ~ 2006 年也较为稳定，是目前研究区稳定群落的主要组成物种。

赖草 2002 ~ 2006 年数量特征指标分别为 4. 43、5. 31、5. 10、3. 18 和 2. 08。波动曲线见图 6-3，从图可看出，赖草数量特征值在研究时段内呈下降趋势。主要成因是随着盐池全县范围禁牧和封育力度的加大，土壤环境条件等逐步得到改善，多年生半灌木黑沙蒿迅速恢复。此外，一些生态位较窄的种群以及退耕还林后一年生农田杂草得以发展壮大，从而导致赖草等多年生草本植物优势度呈下降趋势。此外，赖草、白草等多年生禾草属喜湿植物，是构成区域白草草甸草原群系的主要植物种，受土壤含水量影响较大，因此对降水的依赖型也较强。

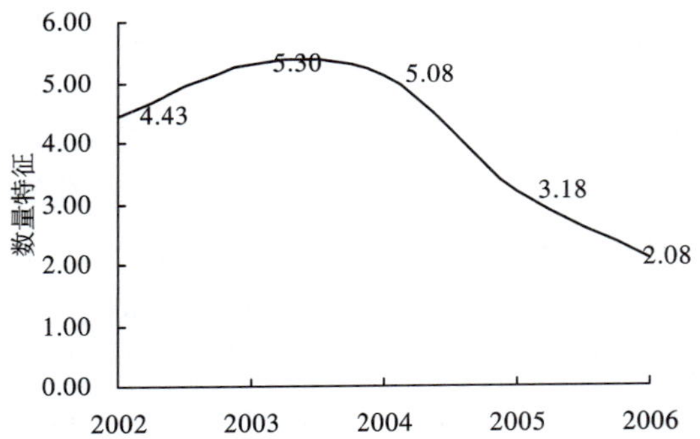

图 6-3　赖草数量特征波动曲线

Fig. 6-3　Quantitative character fluctuation of *Anaeurolepidium secalium*

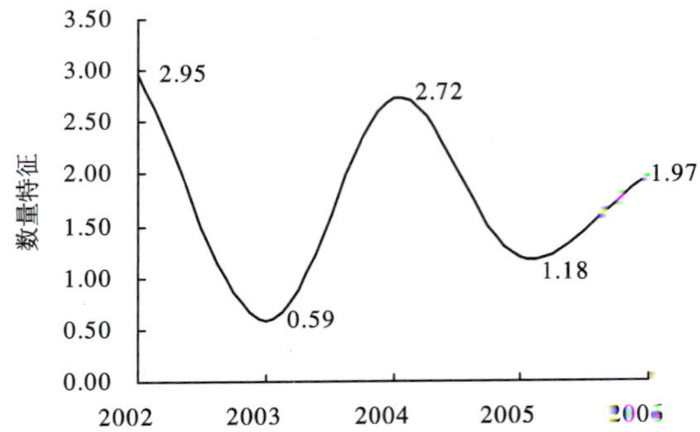

图 6-4　小画眉草数量特征波动曲线

Fig. 6-4　Quantitative characterfluctuation of *Eragrostis poaeoides*

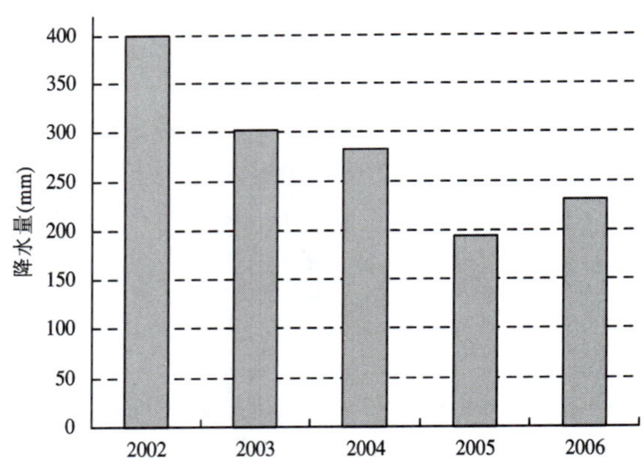

图 6-5　盐池 2002 ~ 2006 年降水量

Fig. 6-5　Precipitation in Yanchi, 2002 ~ 2006

与前面 3 种波动形式不同，小画眉草的数量特征值波动形式无明显的上升或下降趋势（图 6-4）。2002 ~ 2005 年，小画眉草的数量特征分别为 2. 95、0. 593、2. 72、1. 18、1. 97。小画眉草为一年生草本植物，受降水等影响极大，尤其受植物生长季节降水量影响更大。这使得小画眉草的数量特征受外业调查前期降水量影响较大。和小画眉草一样受调查前期降水影响较大的还有狗尾草、虎尾草等一年生草本植物，数量特征波动均无明显上升或下降趋势。

表 6-1　2002～2006 年主要植物种群数量特征

Tab. 6-1　The quantitative characters of main plant populations, 2002～2006

植物名称	2002 年	2003 年	2004 年	2005 年	2006 年
黑沙蒿	9.9903	12.91	16.06	14.5	17.29
老瓜头	9.5441	8.369	4.452	11.1	3.674
苦豆子	7.0597	3.85	5.843	7.85	6.116
刺沙蓬	1.2386	2.528	1.378	7.09	17.04
达乌里胡枝子	3.2283	6.074	7.299	5.98	5.319
白草	2.4858	5.833	6.758	3.3	4.33
狗尾草	7.3847	2.095	0.733	0.11	2.213
赖草	4.4302	5.305	5.081	3.18	2.077
小画眉草	2.9498	0.593	2.717	1.18	1.973
蒙古虫实	5.6042	3.93	2.459	1.92	1.517
披针叶黄华	0.2085	2.118	1.861	4.24	1.307
地锦草	1.3544	0.14	0.044	0.02	1.234
阿尔泰狗娃花	0.4377	2.191	1.018	1.94	1.143
猫头刺	3.7181	3.541	5.725	5.3	1.139
骆驼蓬	2.6105	2.198	1.953	4.01	0.794
西伯利亚蓼	0.2054	0.282	1.368	0.95	0.786
丝叶山苦荬	0.0035	3.434	1.102	0.51	0.67
短花针茅	0.1683	2.964	2.453	2.2	0.606
远志	1.067	1.706	1.214	0.52	0.45
蝟蓟	0.8172	0.505	1.244	0.52	0.34
叉枝鸦葱	0.2428	0.065	0.472	0.62	0.246
沙珍棘豆	0.8398	0.852	1.237	0.77	0.223
虎尾草	6.081	2.009	0.961	0.03	0.177
狭叶米口袋	0.3366	0.861	0.315	0.48	0.175
银灰旋花	0.0435	1.703	0.226	0.22	0.123

二、主要植物种群空间分布格局波动

研究区主要植物种群分布格局测定结果见表 6-2。从表可以看出，2002～2006 年，盐池草地植被植物种群分布格局多呈聚集分布，但聚集程度种间差异较大。考虑到常见的种群分布格局指数中，方差均值比率和负二项参数在判别分布格局类型时运用最广，本文采用此两种格局指数来探讨研究区几种主要植物种群格局年际波动。

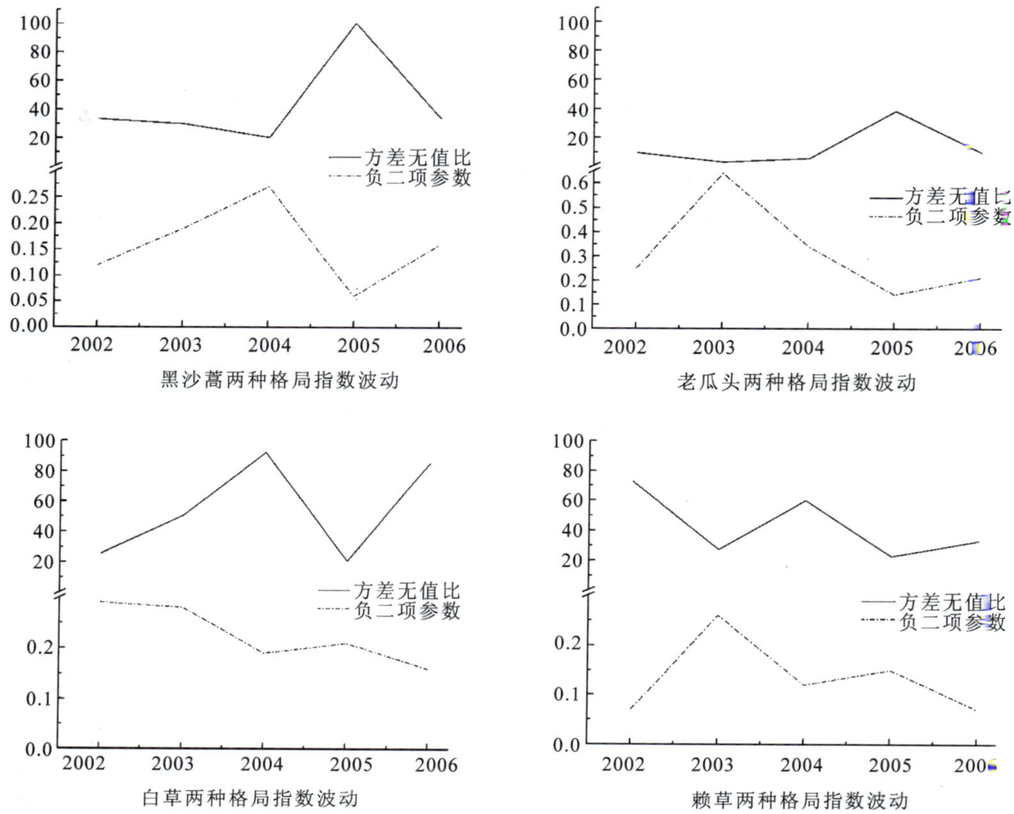

图 6-6　几种植物种群方差均值比率和负二项参数波动

Fig. 6-6　Fluctuation of two pattern indices for 4 plant populations, 2002 ~ 2006

根据对方差均值比和负二项参数的定义知，方差均值比值越大则种群聚集程度越高；而负二项参数却相反，值越小则聚集程度越高。黑沙蒿方差均值比及负二项参数 2002 ~ 2006 年波动状况见图 6-6。从图可以看出，方差均值比和负二项参数动态趋势完全一致，2002 ~ 2004 年方差均值比和负二项参数分别为 33.47、29.93、20.36 和 0.12、0.19、0.27，种群聚集度降低；2005 年聚集度上升，方差均值比和负二项参数为 100.46、0.06，上升程度较大；2006 年在 2005 年的基础上种群聚集度又有所下降，方差均值比和负二项参数分别为 34.21、0.16。结合相关降水量分析不难发现（图 6-5 及附表录表 5 至表 9），黑沙蒿种群聚集程度和当年降水量及前期降水量之间关系密切。一般而言，降水量增加则聚集度降低，反之，聚集度则上升。图 6-7 是根据黑沙蒿 2002 ~ 2006 年方差均值比和同期降水降水量绘制。从图可以看出，当年降水量对黑沙蒿聚集度影响较大，但并不呈线性关系，因为种群聚集度还同时受前期降水量的影响。但当遇到极端干旱年份，聚集度和降水间的关系将更加密切，如研究区 2005 年的大旱，使黑沙蒿聚集度明显高于其它年份，2006 年降水量增加，聚集度迅速下降。

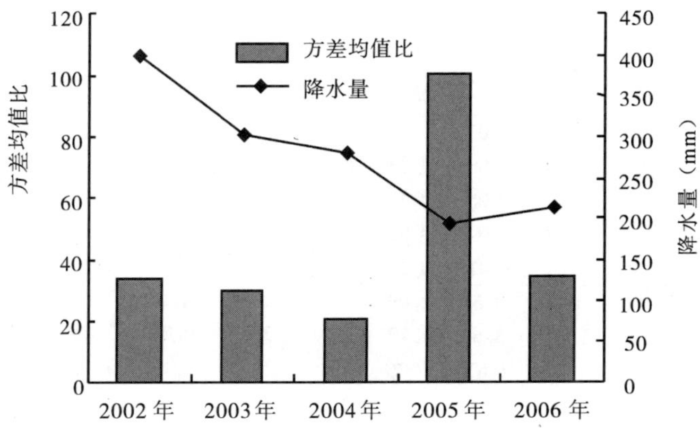

图 6-7　黑沙蒿方差均值比和降水量关系图

Fig. 6-7　Relationship between $S^2/\bar{x}$ of *Artemisia ordosica* and precipitation

老瓜头方差均值比和负二项参数 2002～2006 年分别为 9.58、2.92、5.45、38.33、9.61 及 0.25、0.64、0.34、0.14、0.21。老瓜头方差均值比和负二项参数波动趋势见图 4-6，从图可直观看出两种格局指数所反映的波动趋势一致。2002～2006 年间老瓜头种群聚集程度均较小，其中以 2005 年为最大，2003 年最小。同黑沙蒿种群格局波动一样，研究区两种主要植物种由于 2005 的大旱(图 6-5)均出现较高的聚集度，表明随着降水的减少半灌木的聚集度呈增大趋势。

白草和赖草是禾本科多年生草本植物，两种格局指数波动趋势见图 6-6。从图可看出，除 2002 年外，2003～2006 年两种植物种群聚集度波动趋势一致。此外，由于 2005 年是近年来较为典型的干旱年，图中则表现为 2005 年白草和赖草聚集度均较低，是 2003～2006 聚集度最低的一年，其方差均值比和负二项参数分别为 21、22.84 和 0.29、0.07。白草和赖草在干旱年呈现较低的聚集度，主要是由该类植物本身的生物学、生态学特性所决定。白草和赖草均属于白草草甸草原群系，在盐池主要分布在土壤水分相对较好的沟边路旁以及湿地周围，一般呈群居分布。当遇到干旱年份地上部分大量死亡，从而导致聚集度降低。白草等多年生草本植物的聚集度波动规律同黑沙蒿等多年生半灌木所呈现的波动规律相差较大，干旱年更是如此，甚至呈现相反的变化趋势。

表 6-2　2002～2006 年主要植物种群分布格局

Tab. 6-2　Distribution pattern fluctuation of main plant populations，2002～2006

		黑沙蒿	老瓜头	苦豆子	刺沙蓬	达乌里胡枝子	白草	赖草	蒙古虫实	狗尾草	小画眉草	猫头刺	骆驼蓬
方差均值比率	2002	33.47	9.58	7.44	35.06	27.16	25.72	72.81	1333.5	279.8	54.2	5.93	21.01
	2003	29.93	2.92	2.83	127.4	30.22	50.78	27.38	16.07	45.18	33.43	4.24	20.24
	2004	20.36	5.45	4.13	44.31	33.07	92.57	60.07	558.92	28.47	279.9	3.66	9.86
	2005	100.46	38.33	3.29	431.1	9.38	21	22.84	116.56	4.00	28.52	3.98	16.23
	2006	34.21	9.61	5.35	246.6	51.46	85.68	33.23	305.28	85.98	36.81	2.67	8.01

（续）

		黑沙蒿	老瓜头	苦豆子	刺沙蓬	达乌里胡枝子	白草	赖草	蒙古虫实	狗尾草	小画眉草	猫头刺	骆驼蓬
负二项参数	2002	0.12	0.25	0.36	0.07	0.24	0.29	0.07	0.01	0.21	0.22	0.36	0.13
	2003	0.19	0.64	1.13	0.08	0.34	0.28	0.26	1.95	0.2	0.1	0.5	0.17
	2004	0.27	0.34	0.71	0.08	0.27	0.19	0.12	0.06	0.06	0.1	0.52	0.27
	2005	0.06	0.14	0.77	0.04	0.36	0.21	0.15	0.08	0.02	0.08	0.38	0.19
	2006	0.16	0.21	0.37	0.41	0.13	0.16	0.07	0.05	0.16	0.11	0.29	0.11
扩散系数	2002	2.9	2.11	1.8	3.8	2.09	1.9	3.88	11.58	2.18	2.17	1.84	2.79
	2003	2.32	1.54	1.17	3.6	1.75	1.91	2.02	0.74	2.24	3.27	1.62	2.49
	2004	1.98	1.91	1.37	3.67	1.96	2.29	2.93	4.17	4.10	3.23	1.63	2.05
	2005	4.06	2.74	1.36	4.73	1.75	2.23	2.63	3.66	7.48	3.68	1.88	2.34
	2006	2.52	2.3	1.83	1.56	2.77	2.52	3.72	4.38	2.53	3.00	2.36	3.2
Cassie指标	2002	8.15	4	2.8	14.03	4.22	3.46	14.84	133.97	4.75	4.63	2.82	7.42
	2003	5.19	1.56	0.88	12.87	2.96	3.57	3.92	0.51	4.92	10.38	2.00	5.92
	2004	3.73	2.97	1.42	13.18	3.74	5.18	8.44	17.36	16.19	10.39	1.94	3.76
	2005	16.33	7.31	1.29	22.32	2.74	4.75	6.61	13.29	42	13.06	2.65	5.14
	2006	6.17	4.73	2.74	2.44	7.5	6.29	13.44	19.08	6.32	8.77	3.49	8.97
丛生指标	2002	1.9	1.11	0.8	2.8	1.09	0.9	2.88	10.58	1.18	1.17	0.84	1.79
	2003	1.32	0.54	0.17	2.6	0.75	0.91	1.02	-0.26	1.24	2.27	0.62	1.49
	2004	0.98	0.91	0.37	2.67	0.96	1.29	1.93	3.17	3.1	2.23	0.63	1.05
	2005	3.06	1.74	0.36	3.73	0.75	1.23	1.63	2.66	6.48	2.68	0.88	1.34
	2006	1.52	1.3	0.83	0.56	1.77	1.52	2.72	3.38	1.53	2.00	1.36	2.2
聚块性指标	2002	9.15	5	3.8	15.03	5.22	4.46	15.84	134.97	5.75	5.63	3.82	8.42
	2003	6.19	2.56	1.88	13.87	3.96	4.57	4.92	1.51	5.92	11.38	3.00	6.92
	2004	4.73	3.97	2.42	14.18	4.74	6.18	9.44	18.36	17.19	11.39	2.94	4.76
	2005	17.33	8.31	2.29	23.32	3.74	5.75	7.61	14.29	43	14.06	3.65	6.14
	2006	7.17	5.73	3.74	3.44	8.5	7.29	14.44	20.08	7.32	9.77	4.49	9.97
测定结果	2002	C	C	C	C	C	C	C	C	C	C	C	C
	2003	C	C	C	C	C	C	C	R	C	C	C	C
	2004	C	C	C	C	C	C	C	C	C	C	C	C
	2005	C	C	C	C	C	C	C	C	C	C	C	C
	2006	C	C	C	C	C	C	C	C	C	C	C	C

注：C 为聚集分布，R 为随机分布，$t_{(0.01,134)}=2.617$，$t_{(0.05,134)}=1.98$

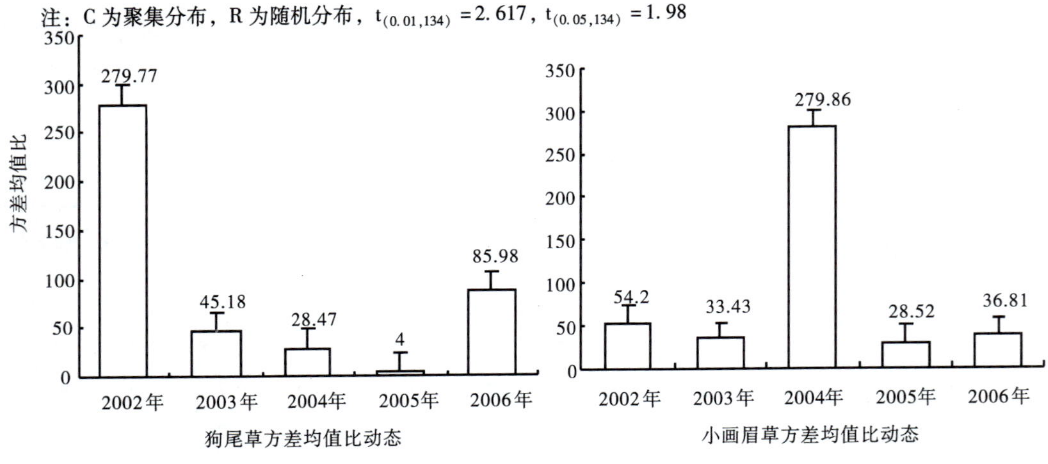

图 6-8 两种一年生草本植物 2002 ~ 2006 年方差均值比

Fig. 4-8 for two species in study area, 2002 ~ 2006

研究区一年生草本植物分布格局受当年降水量及调查前期降水影响较大，如小画眉草和狗尾草等(图6-8)。狗尾草是研究区典型的一年生草本植物，雨后能迅速生长。2002～2006年狗尾草方差均值比为279.8、45.18、28.47、4.00、85.98。狗尾草聚集度波动状况和其数量特指指标重要值较为吻合。小画眉草除2004年外，其它年份分布格局受调查前期降水影响也较大。

三、主要植物种群生态位波动

研究区主要种群2002～2006年BSW、BL、BS生态位宽度见表6-3、6-4、6-5、6-6、6-7。对照表格不难发现，3种生态位宽度计量结果呈现的趋势基本一致，即采用3种生态位宽度指数对同一植物不同年份排序结果一致。基于此，取3种生态位宽度计算结果的算术平均，并采用平均值对生态位宽度进行排序。

2002年，研究区12种主要植物种群按平均生态位宽度大小排序为：狗尾草、老瓜头、白草、蒙古虫实、黑沙蒿、苦豆子、达乌里胡枝子、猫头刺、小画眉草、骆驼蓬、赖草、刺沙蓬，平均生态位宽度为：0.964、0.897、0.852、0.834、0.832、0.828、0.797、0.769、0.733、0.715、0.613、0.564(表6-3)。2002年研究区是近年来典型的丰水年(图6-5、附录表5至表9)，尤其植物生长季节降水量极丰富。大量一年生草本植物迅速生长，占据较大的资源空间。狗尾草最为典型，2002年大量生长，生态位最高。2002年重要值最大的黑沙蒿(9.99)其生态位宽度排在狗尾草、老瓜头、白草、蒙古虫实等后面，这表明重要值较大的植物不一定有较大的生态位宽度，重要值是综合表征植物

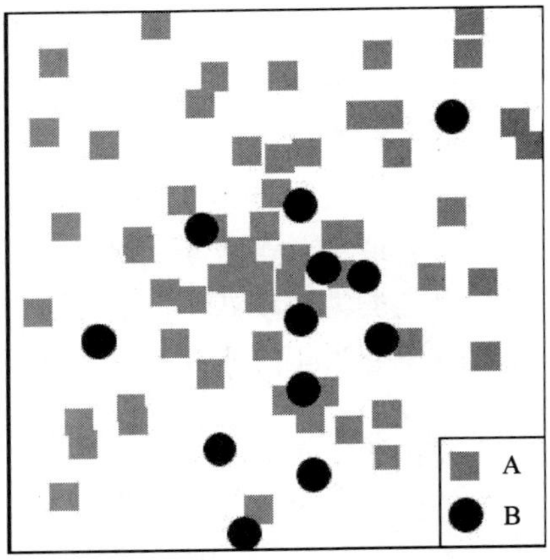

图6-9 种群生态位图解

Fig. 6-9 Population niche illustration

表6-3 盐池县2002年主要种群生态位宽度

Tab. 6-3 Niche breadth of main plant populations in 2002

植物名称	B_{SW}	B_L	B_S	平均	排序
狗尾草	1.471	0.461	0.961	0.964	1
老瓜头	1.361	0.378	0.952	0.897	2
白草	1.302	0.313	0.942	0.852	3
蒙古虫实	1.297	0.273	0.933	0.834	4
黑沙蒿	1.267	0.291	0.937	0.832	5
苦豆子	1.266	0.283	0.936	0.828	6
达乌里胡枝子	1.233	0.236	0.923	0.797	7
猫头刺	1.162	0.226	0.92	0.769	8
小画眉草	1.096	0.195	0.907	0.733	9
骆驼蓬	1.06	0.183	0.901	0.715	10
赖草	0.902	0.107	0.83	0.613	11
刺沙蓬	0.803	0.09	0.798	0.564	12

种群在群落中重要程度的数量指标；而生态位宽度是测度植物占有资源空间的指标，生态位宽度越大则种群适应范围越广，分布也越广泛。关于生态位的理解可借助图 6-9 来描述，图 6-9A、B 表示在一定资源空间上两种植物种群的生态位，显然 A > B。

2003 年 12 种优势种群生态位宽度见表 6-4。从表知，2003 年生态位宽度较 2002 年发生了较大变化，狗尾草、白草等一年生、多年生草本植物生态位宽度排序降低，而老瓜头、达乌里胡枝子、苦豆子、黑沙蒿等多年生半灌木生态位宽度增大。这主要由于 2003 年当年降水量不及 2002 年，尤其是植物生长季节，使受降水等影响较大的一年生草本植物生态位相对收缩。2004 年、2005 年较 2003 年植物种群生态位宽度变化不大，黑沙蒿的生态位宽度继续上升；2006 年，刺沙蓬的生态位宽度迅速增长，成为研究区生态位宽度最大的植物种群。对照表 6-3、6-4、6-5、6-6、6-7 可以发现，刺沙蓬的生态位宽度 2002 ~ 2006 年逐渐增长，这种变化趋势和其综合数量特征一致。刺沙蓬作为一年生草本植物，在研究区全面封育后土壤质地等逐渐得到改善，使之得以逐渐发展壮大，成为研究区重要的植物种群。

表 6-8 是 12 种主要植物种群 2002 ~ 2006 年平均生态宽度波动表。12 种植物种群生态位宽度可大致分为 4 类：稳定型，这一类种群生态位年际间波动相对较小，比较稳定，以老瓜头、苦豆子为代表；第二类为波动式上升，该类型以黑沙蒿和刺沙蓬为代表；第三类为波动式下降，该类以白草等多年生草本植物为代表；第四类，气候波动型，该类受当年降水量和调查前期降水量影响较大（几种典型种群生态位波动曲线见图 6-10）。

表 6-4　盐池县 2003 年主要种群生态位宽度

Tab. 6-4　Niche breadth of main plant populations in 2003

植物名称	B_{SW}	B_L	B_S	平均	排序
老瓜头	1.453	0.449	0.959	0.954	1
达乌里胡枝子	1.393	0.389	0.953	0.912	2
苦豆子	1.319	0.358	0.949	0.876	3
黑沙蒿	1.322	0.326	0.944	0.864	4
狗尾草	1.32	0.303	0.94	0.855	5
赖草	1.288	0.272	0.933	0.831	6
猫头刺	1.265	0.284	0.936	0.828	7
白草	1.258	0.285	0.936	0.826	8
蒙古虫实	1.269	0.255	0.929	0.817	9
骆驼蓬	1.199	0.258	0.93	0.796	10
刺沙蓬	1.021	0.102	0.821	0.648	11
小画眉草	0.817	0.106	0.828	0.584	12

表 6-5 盐池县 2004 年主要种群生态位宽度

Tab. 6-5 Niche breadth of main plant populations in 2004

植物名称	B_{SW}	B_L	B_S	平均	排序
苦豆子	1.43	0.458	0.96	0.949	1
达乌里胡枝子	1.417	0.395	0.954	0.922	2
黑沙蒿	1.385	0.37	0.951	0.902	3
老瓜头	1.361	0.363	0.95	0.891	4
白草	1.298	0.303	0.94	0.847	5
猫头刺	1.263	0.282	0.936	0.827	6
骆驼蓬	1.172	0.257	0.929	0.786	7
赖草	1.16	0.191	0.905	0.752	8
刺沙蓬	1.029	0.158	0.885	0.691	9
蒙古虫实	0.983	0.137	0.867	0.662	10
小画眉草	0.943	0.144	0.874	0.654	11
狗尾草	0.549	0.06	0.698	0.436	12

表 6-6 盐池县 2005 年主要种群生态位宽度

Tab. 6-6 Niche breadth of main plant populations in 2005

植物名称	B_{SW}	B_L	B_S	平均	排序
老瓜头	1.441	0.443	0.959	0.948	1
苦豆子	1.428	0.451	0.96	0.946	2
达乌里胡枝子	1.439	0.418	0.956	0.938	3
黑沙蒿	1.379	0.38	0.952	0.904	4
猫头刺	1.226	0.267	0.932	0.808	5
刺沙蓬	1.212	0.222	0.918	0.784	6
骆驼蓬	1.146	0.23	0.921	0.765	7
白草	1.141	0.221	0.918	0.76	8
赖草	1.064	0.194	0.906	0.721	9
蒙古虫实	0.917	0.123	0.853	0.631	10
小画眉草	0.767	0.09	0.797	0.551	11
狗尾草	0	0.018	0	0.006	12

表 6-7 盐池县 2006 年主要种群生态位宽度

Tab. 6-7 Niche breadth of main plant populations in 2006

植物名称	B_{SW}	B_L	B_S	平均	排序
刺沙蓬	1.608	0.47	0.971	1.016	1
黑沙蒿	1.55	0.429	0.968	0.982	2
苦豆子	1.409	0.3	0.954	0.888	3
达乌里胡枝子	1.401	0.281	0.951	0.878	4
老瓜头	1.275	0.238	0.942	0.818	5
狗尾草	1.201	0.168	0.919	0.763	6
白草	1.166	0.174	0.921	0.754	7
猫头刺	1.14	0.169	0.919	0.743	8
小画眉草	1.149	0.129	0.894	0.724	9
赖草	1.03	0.111	0.877	0.673	10
蒙古虫实	1.017	0.116	0.882	0.672	11
骆驼蓬	0.959	0.115	0.881	0.651	12

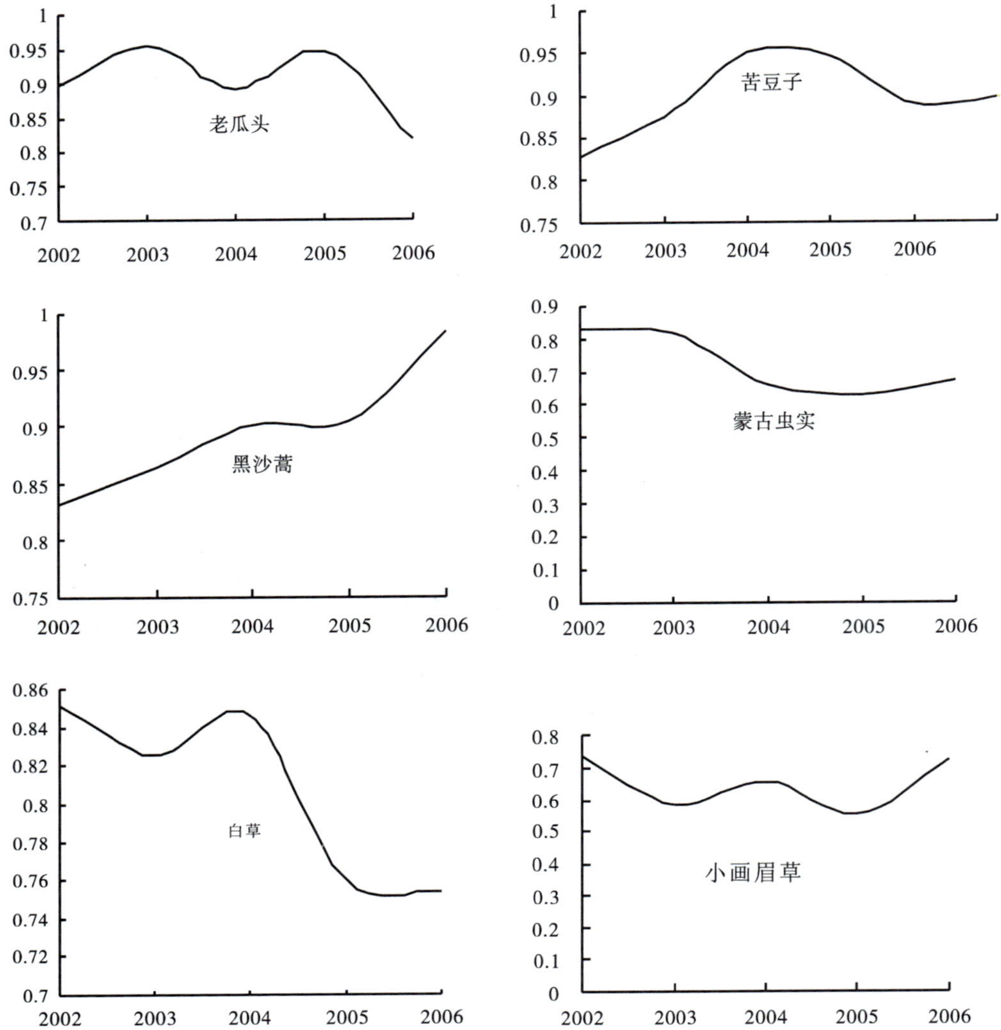

图 6-10 几种典型植物种群生态位动态曲线(2002～2006)

Fig. 6-10 Niche breadth fluctuation curves of 6 typical populations, 2002～2006

表 6-8 2002～2006 主要种群平均生态位宽度

Tab. 6-8 Mean niche breadth of main populations, 2002～2006

植物名称	2002 年	2003 年	2004 年	2005 年	2006 年	多年平均
老瓜头	0.897	0.954	0.891	0.948	0.818	0.9016
苦豆子	0.828	0.876	0.949	0.946	0.888	0.8974
黑沙蒿	0.832	0.864	0.902	0.904	0.982	0.8968
达乌里胡枝子	0.797	0.912	0.922	0.938	0.878	0.8894
白草	0.852	0.826	0.847	0.76	0.754	0.8078
猫头刺	0.769	0.828	0.827	0.808	0.743	0.795
骆驼蓬	0.715	0.796	0.786	0.765	0.651	0.7426
刺沙蓬	0.564	0.648	0.691	0.784	1.016	0.7406
蒙古虫实	0.834	0.817	0.662	0.631	0.672	0.7232
赖草	0.613	0.831	0.752	0.721	0.673	0.718
小画眉草	0.733	0.584	0.654	0.551	0.724	0.6492
狗尾草	0.964	0.855	0.436	0.006	0.763	0.6048

第三节　小结及讨论

一、小结

2002～2006 年黑沙蒿和刺沙蓬无论是综合数量特征指标还是生态位宽度均呈波动式上升。盐池县 2002 年底全县实行封育后，土地荒漠化逐渐逆转，流动沙地逐渐得到固定，黑沙蒿由于其较强的生态适应性，使之不断壮大，始终保持重要的优势地位。刺沙蓬数量特征及生态位宽度的波动式上升同盐池县退耕还草、人工封育等措施密不可分，同时也受它自身的生态、生物学特性影响；黑沙蒿、老瓜头、苦豆子等多年生植物是研究区较为稳定的植物种群，受降水等气候因子影响较小，是干旱年维持区域生态平衡的重要植物种群，他们是区域重要的建群种。老瓜头和苦豆子还是干旱的指示种，如 2005 年的干旱致使许多植物种群生长状况迅速下降，而老瓜头和苦豆子无论是重要值还是生态位宽度都较高，受气候的影响相对较小，是构成当前区域稳定群落的主要组成物种；白草等多年生草本植物 2002～2006 年呈波动式下降趋势；狗尾草、小画眉草等一年生草本植物无论是生态位宽度还是生态优势度均极不稳定，受当年降水量及调查前期降水量影响较大，呈现气候波动型。

2002～2006 年，研究区主要植物种群格局均多呈聚集分布，但聚集程度的波动趋势因种群生态、生物学特性而不同。此外，聚集度受当年降水及前期降水等气象因子影响较大。

二、讨论

种群的分布格局及波动，决定于种群的生物学特性和生境两个方面及它们之间的相互作用，植物的生境条件在时间和空间上都是变化的，生境异质性不仅在较大尺度上存在，而且在小尺度上也被探测到，生境条件在斑块内是一致的，而在斑块间却有明显差异(董鸣，1996；尹爱国，2006)。对于不同发育阶段的种群，影响其分布格局的因子不同，大致可分为两类：一是种群本身的生物、生态学特性，二是环境因子，如土壤含水量、土壤养分、气候等环境因子，以及动物和火烧等引起的种内种间竞争(尹爱国，2006)。对北方农牧交错带草地植被而言，影响植物种群分布格局动态的主要因素是植物生物学特性、气象以及土壤环境因子等。草地植物多呈聚集分布，这主要是植物的生物学特性决定的。盐池县主要以半灌木和多年生草本植物为主，植物种群多呈聚集分布，但其聚集程度差异较大，且受到降水、气温等气象因子的影响，年际间聚集度变化较大。

研究表明，盐池县草地植被种群波动形式主要分为 4 种类型：稳定型，该类型种群年际间波动相对较小，比较稳定，以老瓜头、苦豆子等为代表；第二类为波动上升型，以黑沙蒿和刺沙蓬为代表；第三种波动形式为波动式下降，该类型以白草等多年生草本植物为代表；第四类，气候波动型，该类受当年降水和调查前期降水量影响较大。4 种波动类型的植物种群生物学特性差异较大，且演替阶段也不一致。老瓜头、苦豆子等种群在盐池县占有重要地位，是区域草原退化和干旱指示植物，由其构成的群落较为稳定，年际间波动幅度相对较小；黑沙蒿、刺沙蓬等种群在研究时段内呈波动式上升，尤其黑沙蒿，在盐池中西部广大地区大面积分布，且随着禁牧政策的延续，黑沙蒿群落不断壮大，预计 5 ~ 10 年黑沙蒿群落将成为区域顶级群落。刺沙蓬作为一年生草本植物，在研究时段内也呈波动式上升，但因其生物、生态学特性使之具有随着气候变化而产生较大波动的特征；白草等多年生草本植物种群呈下降趋势，分析其原因，主要由于 2002 年实行全县禁牧以来土壤环境因子得到改善，一年生草本植物，尤其是农田杂草类植物迅速成长，占据了大量资源空间，使部分多年生草本植物衰退；狗尾草、小画眉草等一年生草本植物受前期降水、气温等气象因子影响较大，种群动态随机性较大。因此，由一年生草本植物组成的群落一般不会形成稳定的群落。

种群动态事实上是群落动态的具体表现，群落动态总是伴随着种群的动态尤其是主要建群种和优势种的演替(波动或更新)。盐池县目前主要以老瓜头和苦豆子为稳定群落。但随着盐池县防沙治沙工作(人工封育、退耕还草等)的深入开展，区域植被得到恢复，荒漠化出现逆转。植被恢复的过程就是群落的建立和演替过程，核心是物种的更替。物种更替是群落环境演变、物种的环境适应性、竞争作用等种间关系几方面共同作用的结果和集中表现，这几方面的变化是互动的(张继义，2003)。黑沙蒿独特的生物、生态学特性，使其在封育后迅速(2002 年盐池县实施全县禁牧封育)成为研究区的优势种群。黑沙蒿群落的壮大改变了区域群落环境，为其它种群的侵入和壮大创造了稳定的基质基础，此后群落将继续演替。预计随着封育政策的延续，经过 5 ~ 10 年或更长时间的演替，黑沙蒿群落将接近地带性稳定，种群间经过竞争排除作用等生态过程产生了一定程度的生态位分化，种间关系和群落结构趋于稳定。

第七章　草地植被数量波动探讨

第一节　植被波动概述

植被波动是植被动态的一种表现形式，是植被动态学研究的重要内容之一。植被波动，尤其是草地植被波动充分反映了植被群落对生态、非生态因子的作用的承受结果。因此，研究植被波动规律，揭示其波动的主要影响因子无论对植被动态学理论还是对于草地植被经营管理都具有较为重要的意义。

目前对植被波动方面的研究主要集中在植被波动的定义(Rabotnov，1955；彭少麟，1993；任海等，2001；Barkman，1958；Braun-Blanquet，1964)、植被波动的类型(Knapp，1986；任海等，2001；彭少麟，1993，1996；Tamm，1950；Korchangin，1958；Ipatov，1969；Haenrich，1976)、特征(Knapp，1986；彭少麟，1993；彭少麟，1996)、波动产生的机理(Knapp，1986；彭少麟，1993；Albertson，1953；Coupland，1960)、植被波动强度(彭少麟，1993)等方面，关于植被波动的探讨尤其是草地植被波动方面的报道较少。

对于森林群落植被波动强度的探讨，彭少麟构建了森林群落波动强度的测定公式，即，$FI = (n - \sum_{i=1}^{s}(n_i/s) - A)/\sum_{i=1}^{s}(n_i/s)$(彭少麟，1993)。草地植被，尤其是北方农牧交错带草地植被受外部因子如气候、人为活动等影响较森林植被更为明显，更易于被观测，也即草地植被波动比森林植被波动更为显著。因此，研究草地植被波动及波动率有较为重要的现实意义：一方面草地植被波动的研究是植被动态学研究的一个重要方面；其二，可为区域草地经营管、草地植被恢复提供一些便利；第三，植被波动率的测定可有效地评估草地波动程度，同时也是预测未来草地植被波动的有效途径。

本章在前人研究的基础上，结合生态学、统计学原理，初步构建北方农牧交错带草地植被波动测度公式，在此基础上以宁夏盐池为例，研究2002～2006年草地植被数量特征值波动及波动率，从数量特征上对草地植被波动进行探讨，在群落尺度上对第四章种群动态进行呼应，是群落结构动态研究的基础。

第二节　植被波动的基本特征

对于植被波动，很多学者进行了定义(Rabotnov，1955；彭少麟，1993；任海等，2001)，Barkman及Braun-Blanquet认为只表现在种的数量上不同(如盖度、频度、多度、生物量等)的群落动态叫做波动(Barkman，1958；Braun-Blanquet，1964)。本书比较倾向于 Barkman 及 Braun-Blanquet 的定义，认为植被波动就是指在短期或周期性的气候或水分的影响下，植物群落数量特征值(如盖度、群落高度、生物量、群落密度等)出现逐年或逐季的变化，这种变化形式称为波动。波动的特点表现在群落逐年或逐季变化方面的不定性、变化的可逆性以及在典型情况下的植物区系成分的相对稳定性。

植被波动的基本特征受生态因子、组成植被群落的植物特性等影响较大，如森林植被波动和草地植被波动因组成植被群落的植物特性差异较大而表现出不同的特征。总体来看，植被波动的基本特征有 4 个方面：

(1)植被波动的可逆性。指植被因受某种因素影响而产生波动以后，由于影响因素的消失而恢复到波动前的状态。这种波动前的状态我们可称之为“初始状态”，一般而言，群落波动以后很难绝对恢复到“初始状态”。因此，恢复可能是不完全的，也可能是超越初始状态(彭少麟，1993)。波动的这种特性是可以被观测到的，如草原春天被野火烧过以后，地上部分生物量损失较大，第二年新长出来的地上部分生物量往往超过火烧前。显然，这种因火烧引起的地上部分生长量强烈的波动，还进一步影响到草原植物种群的生长状况，甚至影响到整个群落结构的轻微波动。

(2)植被波动的方向性。波动是可逆的，而恢复又是不完全的。因此，植被波动可分为正向波动和负向波动(彭少麟，1993)。正向波动是指植被逐年、逐季的，使植被群落结构更优化的波动，也即波动后的植被群落结构优于波动前的群落。负向波动则反之，波动后的群落结构较波动前差，其整体生态功能下降。波动的这种方向性也是可以被观测到的，正向波动如上述火烧例子，火烧过后草原地上部分生物量高于火烧前，群落优于波动前，故称为正向波动；负向波动也易于被观察到，如盐池部分地区在受到强烈的人为干扰后(诸如放牧、修路等)，植被受到强烈干扰后迅速朝负向波动，之后采取了封育等措施，植被又逐渐超正向波动，但并不能完全恢复到受干扰前的状态。如修路过后，植被逐渐恢复，但部分特化种也因此从群落中消失，进而使整个群落受到影响。

(3)植被群落波动不改变总体群落物种组成，不改变群落的基本性质，即波动前后植被群落建群种和主要优势种不改变，这同群落的演替有本质的区别。波动是群落数量特征逐年、逐季的变化，群落健群种和优势种不改变；而演替发生以后群落发生了根本变化，健群种和主要优势种被更替。以盐池中部草原为例，在过去几十年，以大针茅为主要健群种的典型草原，因激烈的人为活动，群落逐渐退化，群落朝逆向演替，到目前为止，大针茅已经基本从群落中消失，取而代之的是黑沙蒿、老瓜头等植物种群，群落发生了根本性改变。

(4)在典型情况下，植物区系稳定，不存在新种的入侵(Knapp，1986；彭少麟，1996；任海，2001)。按波动的定义，当群落发生波动时，群落仅高度、盖度、生物量等数量特征发生改变，而不改变其群落结构、种的组成等，但这是一种比较典型的情况。一般情况下，群落发生波动以后会导致一些偶见种消失或者会使得一些新种入侵。

第三节 草地植被波动测度公式的初步构建

植被在内外影响因子的双重作用下发生波动，这种变动相对于群落波动前有强有弱，植被群落相对于正常年份的波动程度即是群落的波动率（Fluctuation Ratio，FR）。如何定量测定植被群落的波动率，这是本章重点解决的问题。

根据 Barkman 及 Braun-Blanquet 对植被波动的定义知，只表现在种的数量上不同（如盖度、频度、多度、生物量等）的群落动态叫做波动（Barkman 1958；Braun-Blanquet，1964）。因此，对于农牧交错带草地植被波动的定量表示完全可用数量特征值来表示。就草地植被而言，植被数量特征值主要包括盖度（Coverage）、生物量（Biomass）、群落高度（Height）、密度（Density）、频度（Frequency）等。在草地植被生态学、统计学的意义下初步构建如下草地植被波动率计量公式：

$$FR = \left[a \cdot \left(\frac{C_i}{\sum_{i=1}^{r} C_i/r} - 1\right) + b \cdot \left(\frac{B_i}{\sum_{i=1}^{r} B_i/r} - 1\right) + h \cdot \left(\frac{H_i}{\sum_{i=1}^{r} H_i/r} - 1\right) + d \cdot \left(\frac{D_i}{\sum_{i=1}^{r} D_i/r} - 1\right)\right] / 4 \tag{7-1}$$

式中：FR——表示草地植被波动率；

C_i——第 i 年草地植被的盖度；

B_i——第 i 年草地植被的生物量；

H_i——第 i 年草地植被的群落高度；

D_i——第 i 年草地植被的密度；

a、b、h、d 分别为相应的权重系数；

r——草地植被观测年（或月）（本研究为 5 年）

关于权重系数的确定，采用专家评定法，具体做法是制定如表 7-1 所示的表格，找相关专业的专家对本文采用的 4 种草地植被数量特征值的权值进行评定。评定标准是根据不同指标对评价草地植被生长状况的影响，4 个指标满分为 4 分。由于本文主要针对北方农牧交错带草地植被的研究，故进行权重时必须考虑北方农牧交错带草地植被自身的特点。10 位专家对北方农牧交错带草地植被数量特征值权重评定结果见表 5-1。从专家评定结果来看，盖度和生物量权重较大，而群落密度和群落高度权重相对较小。取专家权重评定结果的平均值即是权重系数 a、b、h、d 的值，即 1.61、1.81、0.27 和 0.32，将其带入公式（7-1），则可得到北方农牧交错带草地植被波动测度公式，即波动率公式：

$$FR = \left[1.61 \times \left(\frac{C_i}{\sum_{i=1}^{r} C_i/r} - 1\right) + 1.81 \times \left(\frac{B_i}{\sum_{i=1}^{r} B_i/r} - 1\right) + 0.27 \times \left(\frac{H_i}{\sum_{i=1}^{r} H_i/r} - 1\right) + 0.32 \times \left(\frac{D_i}{\sum_{i=1}^{r} D_i/r} - 1\right)\right] / 4 \tag{7-2}$$

多数专家认为，盖度是反映植被生长状况最重要的指标之一，但由于植被盖度在外业调查时，调查小组多采用目估法进行盖度调查，准确率不能保障，且调查小组间的估测标准不一；采用现场称重的生物量，估测要准确得多，且小组间的标准一致，故多数专家认为生物量对于反映植被生长状况较植被盖度更具有代表性。其它植被数量特征值如植被密度、群落高度等对植被生长状况的贡献率较小。

表 7-1　北方农牧交错带草地植被专家权重表

Tab. 7-1　Expert weight for grassland vegetation in the North Farming-Pastoral Ecotones

专家	盖度	生物量	群落高度	密度
专家 1	1.65	1.79	0.23	0.33
专家 2	1.68	1.90	0.20	0.23
专家 3	1.50	1.72	0.28	0.51
专家 4	1.80	1.70	0.26	0.25
专家 5	1.65	1.87	0.28	0.20
专家 6	1.55	1.95	0.23	0.27
专家 7	1.35	1.70	0.43	0.52
专家 8	1.70	1.80	0.28	0.22
专家 9	1.78	1.77	0.18	0.27
专家 10	1.40	1.90	0.33	0.37
平均值	1.61	1.81	0.27	0.32

第四节　北方农牧交错带草地植被波动 - 盐池县实例研究

一、盐池草地植被数量特征值波动

盐池 2002 ~ 2006 年植被特征值波动可见表 7-2。从表可初步看出，2002 ~ 2006 年间盖度、生物量、密度、群落高度等波动都较大，充分体现了北方农农牧交错带生态环境的脆弱性、易变性。

表 7-2　盐池 2002 ~ 2006 年群落数量特征

Tab. 7-2　Vegetation quantitative characters in Yanchi, 2002 ~ 2006

年	盖度(%)	密度(万株 · hm^{-2})	生物量 ($kg \cdot hm^{-2}$)	群落高度(cm
2002 年	66.98	278.14	3792.54	9.747
2003 年	69.7	209.27	3854.41	10.963
2004 年	60.23	152.57	4197.41	17.36
2005 年	36.02	75.68	2617.89	15.273
2006 年	48.4	216.98	2030.251	12.09
多年平均	56.266	186.528	3298.5	13.0866

为了更直观、清楚地了解研究区植被数量波动状况，根据表 5 ~ 2 绘制研究区 2002 ~ 2006 年植被盖度波动趋势图(图 7-1)。2002 ~ 2006 年，研究区植被盖度分别为 66.98%、69.7%、60.23%、36.02% 和 48.4%，多年平均为 56.27%。从图可以更直观的看出植被盖度波动趋势，其中 2002 年、2003 年、2004 年均大于多年平均盖度，而 2005、2006 年小于多年平均盖度。以 2003 年植被盖度 69.7% 为近年最高，2005 年为

最低。

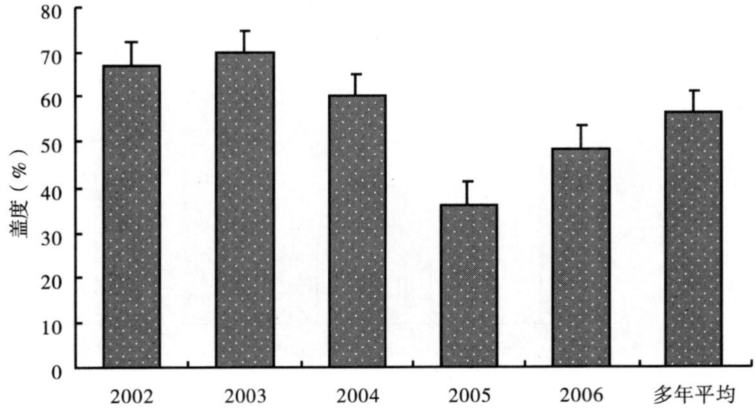

图 7-1　盐池县 2002 ~ 2006 年植被盖度

Fig. 7-1　Grassland vegetation coverage of Yanchi, 2002 ~ 2006

研究区主要建群种以多年生草本植物半灌木为主，生物量则主要由群落中的建群种和优势种构成。因此，群落生物量较大程度上能反映植被生长状况。在降水正常年份群落建群种和优势种能很好的保持优势，占据较大的生存空间，导致一些伴生种(一般为一年生草本植物)资源空间被占据，生态位变窄，甚至消失，干旱年更是如此。2002 ~ 2006 年，研究区群落生物量分别为 3792. 54kg · hm^{-2}、3854. 41kg · hm^{-2}、4197. 41kg · hm^{-2}、2617. 89kg · hm^{-2} 和 2030. 25 kg · hm^{-2}，多年平均为 3298. 5kg · hm^{-2}。波动趋势和盖度一样(图 7-2)，2002 年、2003 年、2004 年均高于多年平均生物量，2005 年、2006 年低于多年平均。

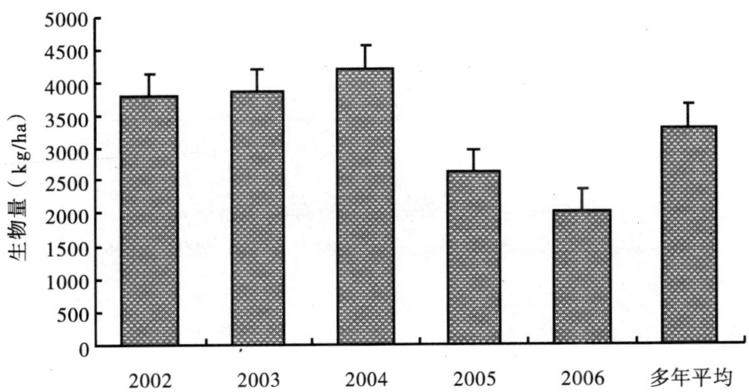

图 7-2　盐池县 2002 ~ 2006 年植被生物量

Fig. 7-2　Grassland vegetation biomass of Yanchi, 2002 ~ 2006

群落密度受调查前期降水影响较大，因此专家权重值较小。研究区密度波动趋势见图 7-3。2002、2006 年调查前期研究区降水量较为丰富，一年生植物大量生长，导致 2002 年和 2006 年群落密度较大，分别为 278. 14 万株 · hm^{-2}、216. 98 万株 · hm^{-2}，均高于多年平均密度(186. 53 万株 · hm^{-2})。此外，2003 年也高于多年平均，为 209. 27

万株·hm^{-2}。2004 年和 2005 年较低，分别为 152.57 万株·hm^{-2}、75.68 万株·hm^{-2}。

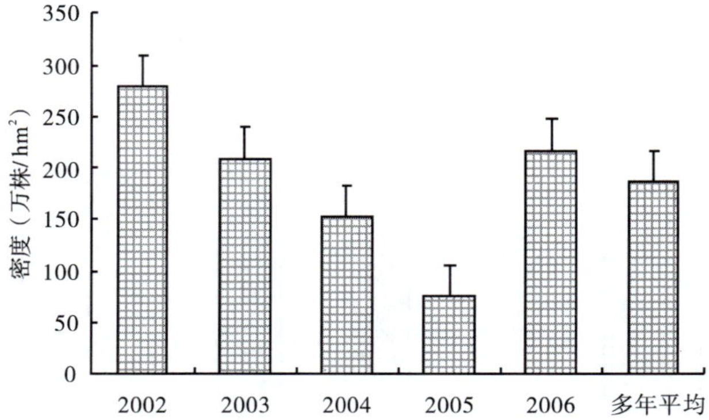

图 7-3　盐池县 2002 ~ 2006 年草地植被密度

Fig. 7-3　Grassland community density of Yanchi, 2002 ~ 2006

研究区群落高度波动情况见图 7-4。2002 ~ 2006 年群落高度分别为 9.78cm、10.96cm、17.36cm、15.273cm 和 12.09cm，群落多年平均高度为 13.09。本文群落高度系指群落平均高度，能一定程度上反应植被生长状况，但影响较小，故专家权重值也较小，为 0.27。

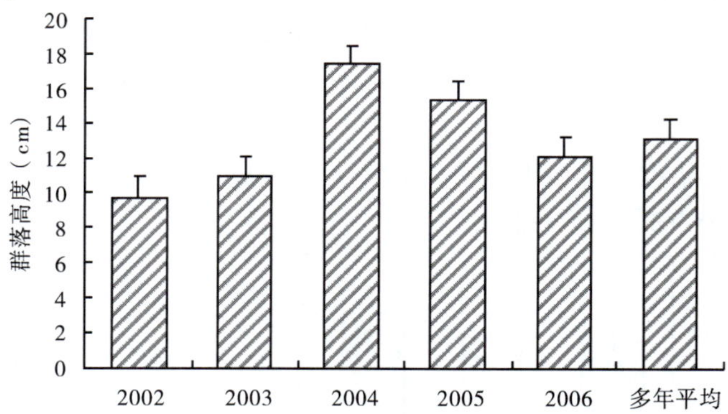

图 7-4　盐池县 2002 ~ 2006 年植被群落高度

Fig. 7-4　Grassland community height of Yanchi, 2002 ~ 2006

二、盐池草地植被波动率

根据上述北方农牧交错带草地植被波动率测度公式(7-2)，依据表 5-2 植被数量波动实测结果计算研究区草地植被波动率，见表 7-3。从植被波动率计算结果可以看出，研究区 2002 ~ 2006 年草地植被波动率分别为 0.666、0.685、0.637、 - 1.098、 - 0.889。植被波动率即波动程度，一定程度上反映了该年度植被生长状况。以植被波动率"0"将草地植被波动率划分为正向波动和负向波动，波动率大于 0 为正向波动，表明植被生长好于正常年；波动率小于 0 则为负向波动，表明植被生长状况较正常年差。正向波动以 2003 年最大，波动率为 0.685，其次为 2002 年为 0.666，2004 年为 0.637；负向波动最大的是 2005 年，波动率为 - 1.098(对负向波动的波动率的比较采取波动率数量结果的绝对值进行)，其次为2006年，波动率为 -0.889。一般而言，波动率大于0的表明植被生长状况好于普通年，波动率越大植被生长状况越好；反之，植被波动率小于0的年份植被生长状况较差，一般而言，负向波动率的绝对值越大则植被越差。根据表5-3可绘制如图7-5所示的北方农牧交错带草地植被波动率曲线，通过曲线可以更直观的看出草地植被波动率变化状况。

表7-3　盐池县2002~2006年植被波动率

Tab. 7-3　Vegetation fluctuation ratio in Yanchi County (2002~2006)

2002年	2003年	2004年	2005年	2006年
0.666	0.685	0.637	-1.098	-0.889

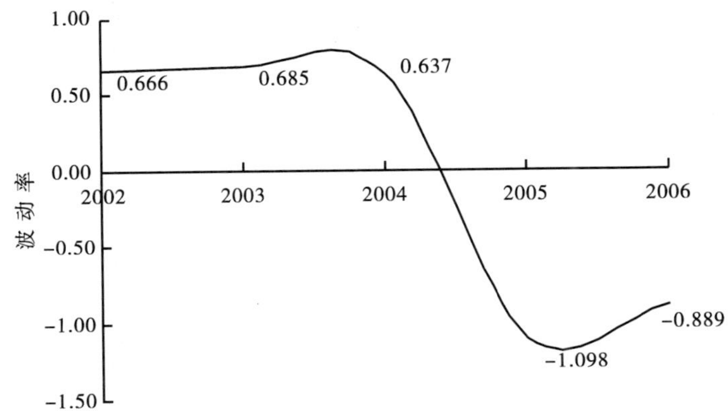

图7-5　盐池县草地植被波动率曲线

Fig. 7-5　The curve of vegetation fluctuation ratio in Yanchi County

据上述研究区草地植被数量特征波动以及波动率探讨知，研究区2003年正向波动最大，是研究区近年来植被状况较好的一年；2005年是研究区草地植被负向波动最大的一年，其波动率为 -1.098，是近年来草地植被生长状况较差的一年。

第五节　小结及讨论

一、小结

(1)本研究在生态学以及统计学的意义上初步构建了草地植被波动测度公式，即：

$$FR = \left[a \cdot \left(\frac{C_i}{\sum_{i=1}^{r} C_i/r} - 1\right) + b \cdot \left(\frac{B_i}{\sum_{i=1}^{r} B_i/r} - 1\right) + h \cdot \left(\frac{H_i}{\sum_{i=1}^{r} H_i/r} - 1\right) + d \cdot \left(\frac{D_i}{\sum_{i=1}^{r} D_i/r} - 1\right)\right] / 4$$

结合北方农牧交错带植被特征，采用专家权重法得到权重系数a、b、h、d的值分别为1.61、1.81、0.27、0.32，由此初步得到北方农牧交错带草地植被波动测度公式：

$$FR = \Bigg[1.61 \times \left(\frac{C_i}{\sum_{i=1}^{r} C_i/r} - 1\right) + 1.81 \times \left(\frac{B_i}{\sum_{i=1}^{r} B_i/r} - 1\right) + 0.27 \times \left(\frac{H_i}{\sum_{i=1}^{r} H_i/r} - 1\right) + 0.32 \times] \left(\frac{D_i}{\sum_{i=1}^{r} D_i/r} - 1\right)\Bigg]/4$$

(2)研究区草地植被数量特征值波动较大，以盖度和生物量为例，2002～2006年盖度分别为66.98%、69.7%、60.23%、36.02%、48.4%，多年平均为56.27%；生物量分别为3792.54 kg·hm^{-2}、3854.41 kg·hm^{-2}、4197.41 kg·hm^{-2}、2617.89 kg·hm^{-2}、2030.25 kg·hm^{-2}，多年平均为3298.5 kg·hm^{-2}。

(3)根据本章初步构建的北方农牧交错带草地植被波动测度公式计算结果，2002～2006年，研究区植被波动率分别为0.666、0.685、0.637、－1.098和－0.889。正向波动以2003年的0.685为最大，表明2003年是近年来草地植被生长状况较好的年份；负向波动以2005年－1.098的绝对值为最大，表明2005年是近年来草地植被生长状况较差的一年。

二、讨论

基于生态学、统计学，同时结合北方农牧交错带的脆弱性、边缘性以及草地植被的易变性等特征，本文初步构建了北方农牧交错带草地植被波动测度公式，是一种快速测度草地植被波动的统计学方法，但需要改进并且完善。对于植被波动率系数的确定本文采用专家权重法。专家权重法是一种简单易行的科学方法，但存在一定的主观性。因此，草地植被波动系数的确定、波动测度公式的改进等均需进一步探讨和研究。

草地植被，尤其北方农牧交错带草地植被波动，与森林群落波动存在很多异同。草地群落波动和森林群落波动均是以不直接改变植物群落的性质为特征，并且是可恢复的，否则就不是波动而是其它如更新、演替等方面的动态形式了(周灿芳，2000)。此外，草地植被波动和森林群落波动均受气候逐年(逐季、逐月)变化的影响而产生数量上的动态，群落性质均不发生改变。相对而言，森林群落受气候影响远不及草地植被明显。这使得对森林植被波动的研究难度相对较大，研究者对森林群落演替更感兴趣。

草地植被尤其是北方农牧交错带草地植被，由于地理位置较为特殊，生态环境脆弱，植被随气候的波动特征十分明显，使草地植被波动易于观测。影响草地植被波动的主要气象因子是当年降水和前期降水量。如2002年，研究区降水量399.1mm，是近年来典型的丰水年，当年植被波动率为0.666；2003年，研究区降水量为302.1mm，波动率为0.668。对比2002、2003年的降水量和相应植被波动率发现，2002年降水量大于2003年，但是其植被正向波动率却较2003年低。这种现象在干旱、半干旱地区比较普遍，我们称之为降水的滞后效应。

国内目前对植被动态方面系统的研究开展较多，但主要集中在南方的森林群落，研究方法多采用空间代替时间法(朱守谦，1987；彭少麟，1994；喻理飞，2002；王德炉，2003)，采用定点观测资料进行植被动态研究的较少(安树青，1997)。采用长期定点观测研究由于经费、人力等困难，目前在植被动态学研究中较少使用。空间代替时间法是一种科学的植被动态学研究方法，但存在一定的不足，如演替阶段人为划分的客观性问题等。因此，定点长期观测是不可或缺的一种植被动态学研究方法。

第八章　盐池草地植被群落结构特征波动

第一节　群落结构及其波动研究概述

群落(Biocoenosis)或称为“生物群落”，指的是生态学中，在一个群落生境内相互之间具有直接或间接关系的所有生物，或生物的总合。或者说生存在一起并与一定的生存条件相适应的动植物的总体称为群落。群落生境是群落生物生活的空间，生态系统则是群落和群落生境的系统性相互作用。植物群落即具有一定区系组成、一致生境条件和一致外貌的植物组合，而植被即是一定区域内不同植物群落的总称(宋永昌，2001)。群落结构则是指群落总体组成水平，可以通过测度群落的物种多样性、生态优势度、群落均匀度等指标来综合反映。种群动态反映群落中植物种群的动态演变趋势，而群落动态则是群落总体水平上的组成结构特征的动态演替趋势。群落水平上组成结构动态学的研究，可为植被恢复、草地经营管理决策、植被演替等提供理论及方法参考。

目前，关于森林群落结构特征动态方面的研究较多，但关于草地植被群落结构特征波动方面的研究报告较少。彭少麟等对鼎湖山厚壳桂群落演替过程的组成和结构动态进行研究，认为在群落的组成结构上，其物种多样性指数较为稳定，而生态优势度指数略微下降和群落均匀度指标略微增加，反映了该群落作为接近地带性气候顶极类型的相对稳定的特征(彭少麟，1998)；周先叶等对广东黑石顶自然保护区森林群落动态研究表明随演替的进展，群落的盖度逐渐增大；物种周转率下降，物种组成结构渐趋稳定；物种多样性、均匀度逐渐升高，优势度逐渐下降(周先叶，1999)。对于植被恢复过程中群落动态研究，周厚诚等的研究认为，随着植被的恢复进程，群落的阳生种类逐渐减少，中生性种类逐渐增加。物种多样性、均匀度、生态优势度分析表明南澳岛植被恢复过程群落组成结构的复杂性依退化草坡→人工林→次生林逐渐增加(周厚诚，2001)。此外，喻理飞对喀斯特地区植被恢复过程中群落动态特征进行了研究(喻理飞，2002)。

北方农牧交错带由于所处的特殊地理位置，生态环境较为脆弱。在过去几十年中，北方农牧交错带草地植被动态受气候和人为活动的双重影响，植被遭到严重破坏，草原退化严重，朝逆向演替。以盐池县占据面积最大的中部草原为例，其植被退化演替序列与土地荒漠化程度关系如图 8-1 所示。

目前盐池县中部草原植被处于苦豆子—杂草—禾草型及黑沙蒿—杂草演替阶段，但由于近年的封育、禁牧、建立保护区等措施，中部地区黑沙蒿迅速恢复，植被逐渐开始逆转，朝正向演替，预计 5 ~10a，盐池县将进入黑沙蒿—禾草群落阶段。

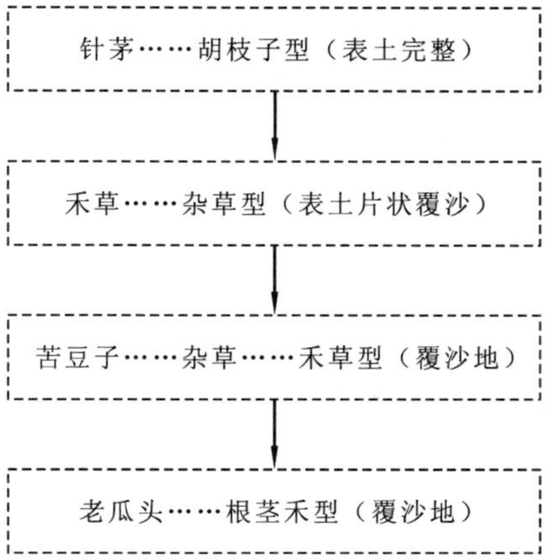

图 8-1　盐池县近几十年植被演替序列及土地荒漠化

Fig. 8-1　Order of vegetation succession and land desertification development in recent decades in Yanchi County

本章在前文种群波动、群落数量波动等分析的基础上，采用群落物种多样性指数、生态优势度及群落均匀度指数等测度指标从群落结构方面进一步深入研究草地植被波动特征（具体测度指标详见第三章研究方法）。

第二节　盐池县草地植被群落结构特征波动

2002～2006 年，研究区群落结构指标见表 8-1。从表可以看出，2002～2006 年间，2003 年研究区多样性指数、生态优势度指数及均匀性指数均是6 年中最大的，2002 年、2004 年稍小，而 2005 及 2006 年最小。2006 年，虽物种数较多(73 种)，但从群落水平来看，各项结构指标均最小。

表 8-1　研究区 2002～2006 年草地群落结构

Tab. 8-1　Structure indices of grassland community in study area, 2002～2006

	S	SW	SP	E
2002 年	77	3.106	16.038	0.381
2003 年	66	3.151	16.507	0.486
2004 年	71	3.121	14.138	0.433
2005 年	63	2.944	12.972	0.439
2006 年	73	2.846	9.929	0.284

注：S－物种数(不包括湿地植物)；SW－多样性指数；SP－生态优势度指数；E－均匀性指数

图 8-2 是盐池县草地群落物种多样性波动趋势图。从图可直观看出 2002～2006 年物种多样性指数的波动趋势，2003 年最大，3.151；其次是 2004 年，3.121；2002 年次之，为 3.106；最小的是 2005 和 2006 年，分别为：2.944、2.846。群落物种多样性是指一个群落中的物种数目和个体数目分配的均匀性(Ficher，1943)。这个概念不仅反映

了群落组成中物种的丰富程度，也反映了不同自然地理条件与群落的相互关系，以及群落的稳定性与动态，是群落组成结构的重要特征指标(宋永昌，2001)。从2002～2006年研究区物种多样性波动状况来看，2002～2004年群落物种多样性变化较为平稳，表明2002～2004年间群落结构较为稳定。2005、2006年群落物种多样性较2002～2004年低，表明群落组成结构稳定性有所下降。显然，物种多样性指数作为反映群落稳定性的指标，具有良好的效果(彭少麟，1998)。

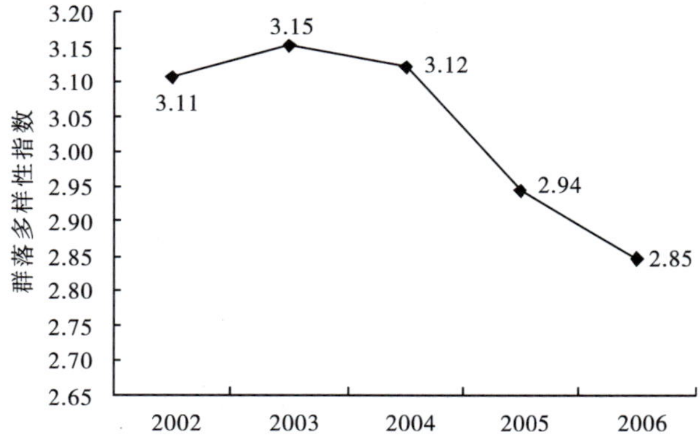

图8-2　研究区草地植被物种多样性波动(2002～2006)

Fig. 8-2　Diversity flutuction of grassland vegetation in study area, 2002～2006

2003年调查样方内共出现植物种66种，比最高的2002年(77种)少11种，但其多样性指数却是6年间最高的，主要因为2003年受前期降水的影响，植物分布较为均匀，故其群落水平上的物种多样性较高；2006年物种数较高，但因2006年黑沙蒿和刺沙蓬的迅速生长，数量特征指标较高(见第四章)，使其它物种失去了均匀分布的空间，因此较其它年份，群落水平上的多样性指数较低。

生态优势度是群落水平的综合数值，它是把群落作为一个整体而把各个种的重要性总结为一个合适的度量值，以表征群落的组成结构特征。从图8-3可以看出，2002～2006年间，研究区植被生态优势度动态趋势和群落物种多样性基本一致，即2003年最大，为16.507；最低的是2006年，9.929。

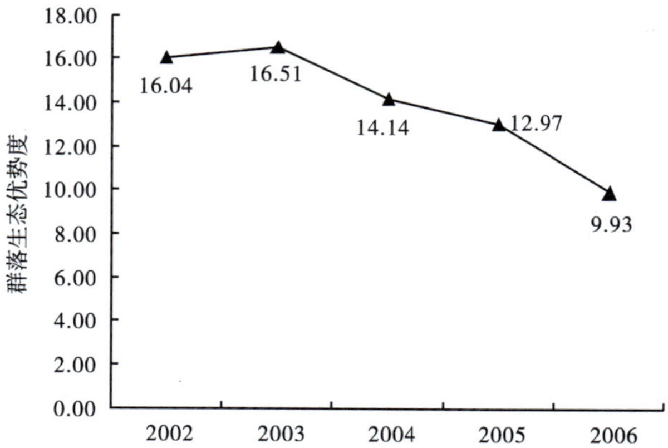

图8-3　研究区草地植被生态优势度波动(2002～2006)

Fig. 8-3　Ecological dominance flutuction of grassland vegetation in study area, 2002～2006

群落的均匀性指数是指一定区域内植物种群分布的均匀程度，分布越均匀则均匀性指数越高，反之越低。而且种群分布均匀程度直接影响物种多样性。图 8-4 是 2002 ~2006 年盐池县草地群落均匀度指数的波动趋势。2002 ~ 2006 年，均匀度指数分别为：0.381、0.486、0.433、0.439、0.284，其中以 2003 年的 0.486 为最大，2006 年的 0.284 最小，2002 年也较小为 0.381；2005 年均匀度指数为 0.439，高于 2004 年的 0.433，而 2005 年的群落物种多样性指数(2.944)却低于 2004 年(3.121)。造成均匀性指数和多样性指数趋势不一致的原因是群落物种多样性指数还受区域物种丰富度的影响，2004 年物种数为 71，而 2005 年仅 62 种。

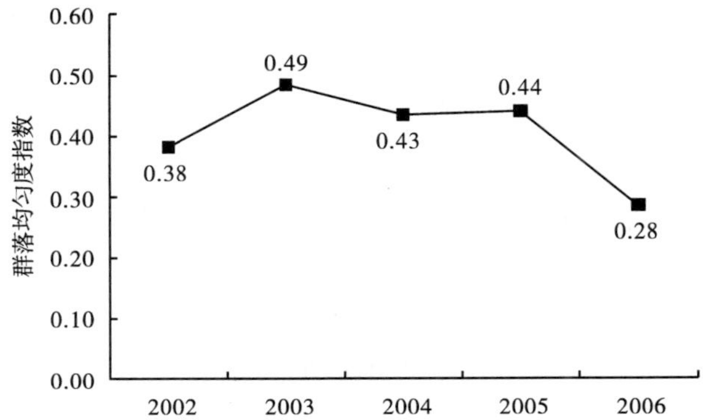

图 8-4 研究区草地植被均匀度波动(2002 ~ 2006)

Fig. 8-4 Community evenness flutuction of grassland vegetation in study area, 2002 ~ 2006

第三节 小结及讨论

一、小结

无论是物种多样性指数、群落优势度指数还是均匀性指数，2003 年均最高，表明 2003 年是近年来植被生长状况较好，物种分布较为均匀，这与与第四章的结论一致。

2005 年及 2006 年群落组成结构各项指标均较低，其中以 2006 年为最低，表明 2006 年植被状况是近年来较差的一年。

物种多样性受物种丰富程度和物种分布均匀程度的双重影响。2004 年物种均匀性指数较 2005 年低，但因其物种丰富度较高，使其多样性指数却较 2005 年要高。

二、讨论

第七章基于植被数量特征(植被盖度、生物量、群落高度等)对草地植被波动及波动率问题进行了探讨，研究结果表明盐池县 2003 年群落生长状况最好，2005 年植被生长状况最差。本章基于群落生态优势度、群落均匀度等指标，研究结果表明 2003 年植被生长状况最好，2006 年最差。采用群落数量特征指标和采用群落结构特征指标对群落波动进行度量，结果不完全一致。导致这种结果的主要原因是：前者是基于群落基本数量特征(盖度、生物量等)，后者不仅考虑群落数量特征且考虑了种群的分布特征、种群重要性、群落结构等方面，较为全面的反映了群落生长状况。因此，采用群落基本数量特征来度量群落生长状况存在一定的局限性。但因计算方便，易于理解，这种度量方法在植被波动理论与实践中被广泛采用(Rabotnov, 1955；彭少麟，1993；彭少麟，1996；任海等，2001；Barkman, 1958；Braun-Blanquet, 1964)。研究表明，采用植被基本数量特征而不考虑种群空间分布的均匀性以及种群的重要性，在植被生长状况差距不是很大的情况下会导致计算结果出现一定的偏差。2005是近年来典型的干旱年，植被生长状况较差，2006年由于外业调查前期降水较为丰富，一年生草本植物大量生长。因此，采用群落数量特征测度植被生长状况，2006年植被好于2005年。本章引入群落物种多样性、群落均匀度等指标进行植被波动测度，结果表明2005年植被状况好于2006年，这主要因为受调查前期降水的影响，大量一年生草本植物快速生长，而多年生草本植物未能得到及时恢复，影响了种群空间分布的均匀性，从而导致在群落结构水平上2006年较2005年差。因此，在植被动态学，尤其是北方草地植被动态研究中，尽可能多的考虑群落各方面的指标，这样才能得出更可靠的结果。

受降水等气象因子的影响，盐池县植被波动较大，其中2002～2004年相对较好，2005～2006年较差。对北方干旱、半干旱地区而言，植被状况是反映土地荒漠化程度的一个重要指标。但仅用植被状况来评价土地荒漠化显得较为片面，会使结果出现偏差。受当年降水的影响，2005年植被生长状况较差，但是从实地调查结果知，由于采取了有效的荒漠化治理措施(退耕还草、人工封育等)，地表产生大面积的物理、生物结皮，同时土壤质地、土壤有机质含量等有所改善，土地荒漠化并没有较为明显的扩展趋势，因此不能简单的认为2005年植被生长状况差则荒漠化就严重，植被状况仅是区域土地荒漠化的一个重要方面。

第九章　封育等植被保护与恢复措施对盐池植被波动的影响

第一节　不同植被恢复措施研究概述

北方农牧交错带由于所处的地理位置特殊，其生态环境较为脆弱。过去几十年北方农牧交错带草地植被在降水、气温等气象因子以及放牧等人为因子影响下，区域植被覆盖率大幅度下降，土地荒漠化日趋严重。随着西部开发政策的不断深入，区域生态环境保护与恢复逐渐得到重视。2000 年以来，盐池荒漠化防治、植被保护与恢复工作得到重视，退耕还林(草)、围栏封育、撂荒、建立自然保护区等植被保护与恢复措施得以顺利实施。

当前，不同生境类型、不同植被恢复及保护措施群落结构特征、植物物种多样性方面的研究国内外已开展了大量工作。李连方从植物群落物种多样性、均匀度、生态优势度和丰富度等四方面，探讨河北围场县红松洼自然保护区在不同保护措施下植物物种多样性的变化规律(李连方，1999)；黄世国等对武夷山地区不同生境类型植物物种多样性研究结果表明：不同生境中植物群落的主要优势种组成不一，其重要值也不同，不同生境中植物群落乔木层的物种数目、物种多样性、群落均匀度均有较大差异(黄世国，2001)；张克斌、李瑞等对不同荒漠化治理措施植物物种多样性研究表明，不同治理措施对植物特征、植物物种多样性的影响程度不一，其中 2002 ~2003 年人工封育、退耕还草、撂荒等治理方式对植物恢复作用都较为显著(张克斌，2004)。国外关于不同生态恢复措施对群落物种多样性的影响也开展了不少研究工作(Peltzer，2000；Jenins，1998；Aiba，2001)。

本章在盐池群落特征波动研究的基础上，根据不同生境类型、不同植被保护及恢复措施划分样地类型，开展不同植被保护与恢复群落结构特征及波动特征的研究，探讨不同生境类型、不同植被保护及恢复措施下植物群落结构及波动特征，为区域植被恢复与保护提供基础研究资料，尤其为哈巴湖自然保护区湿地植物多样性保护提供参考；同时通过对不同植被恢复及保护措施植被动态的研究试图寻求农牧交错带植被恢复最佳方式，为草地植被恢复、荒漠化防治提供政策和理论参考。

对不同样地类型植被结构特征及波动特征的研究采用 3 种指数进行测度：物种多样性指数 SW，生态优势度指数 SP，群落均匀度指数 E。SW 为 Shannon-Wiener 多样性指数；SP 为 Simpson 指数。关于 Shannon-Wiener 多样性指数 SW、生态优势度指数 SP 及群落均匀度指数 E 的具体含义及计算公式详见第二章研究方法；样地类型选择无量殿天然草场(A)、柳杨堡人工封育区(E)、无量殿固沙地(B)、撂荒地(L)、下滩村退耕地(T)、四儿滩湿地(S)等。

第二节　不同植被恢复与保护措施草地群落特征

不同植被保护与恢复措施群落结构特征指标计量结果见表 9-1，从表中可以看出，不同措施植被群落特征存在较大差异。物种数最多的为湿地，S 为 43；其次是天然草地，38 种；物种数最少的样地类型是人工封育草地，13 种。物种数是表征丰富度指数的一个重要指标，反映了样地群落物种的丰富程度，而不同样地类型植物物种丰富程度主要取决于各种生态、非生态因子，如土壤养分状况、土壤含水量、生境梯度、地形地貌、人为活动等。外业调查及相关资料显示，四儿滩湿地及周边生境土壤水分条件好于其它类型的样地。此外，四儿滩湿地隶属于以湿地为保护对象的国家级自然保护区 - 宁夏哈巴湖自然保护区，保护力度较大，人为活动如放牧、开垦等已基本得到控制，使得湿地植物物种数高于其它样地。2006 年四儿滩湿地调查样方内共出现 43 种植物，比植物种类最少的封育草地(13 种)多 30 种，涵盖了区域大部分常见植物种。未采取人为保护措施的无量殿天然草地由于其所处的地势较高，受人为干扰小，植被自然恢复效果明显，草地植物物种数较多，为 38 种；退耕还林(草)地植物物种丰富度也较高，为 24，仅次于湿地和天然草地。采取了人工封育措施的柳杨堡示范区植物丰富度较低，2006 年调查样地内仅出现 13 种植物，植物种类比其它类型诸如湿地、天然草地、撂荒地、退耕还草、固沙地等样地类型均要少。

表 9-1　不同植被保护与恢复措施群落结构特征指标

Tab. 9-1　Community structure indices of different measures of vegetation protection and restoration in study area

样地类型	物种数	多样性指数 SW	生态优势度指数 SP	均匀性指数 E
天然草场 A	38	2.727	10.417	0.386
人工封育 E	13	1.126	2.294	0.174
固定沙地 B	22	2.34	8.255	0.360
撂荒地 L	16	1.852	4.483	0.358
退耕地 T	24	2.565	8.706	0.572
湿地 S	43	2.915	12.783	0.426

为了更直观地比较不同样地类型 3 种群落结构指标，根据表 9-1 绘制如图 9-1 所示的柱状图，以便分析。从图可清楚看出不同样地类型 3 种不同群落结构指标排序情况。

多样性指数 SW 受丰富度指数和均匀度指数双重影响，综合反映了区域植被群落特征、群落物种多样性。从不同植被保护及恢复措施群落多样性指数 SW 计量结果来看，湿地多样性指数 SW 是所有样地类型中最高的，为 2.915，其次是天然草地和退耕地，分别为 2.727 和 2.565。群落物种多样性指数 SW 最小的仍是人工封育草地，为 1.126。同丰富度指数一样，湿地群落物种多样性指数 SW 仍然是所有样地类型中最高的，这充分体现了湿地在维护区域植物物种多样性、区域生态平衡等方面起到重要作用，对降水量较少的地区尤显重要。因此，干旱、半干旱湿地保护与恢复逐步受到重视，宁夏哈巴湖自然保护区的建立正是以湿地生物多样性保护为主要目的；退耕还草地植物物种多样性也较高，表明退耕还林(草)是一种植被恢复的有效措施；天然草地在人为干扰不是很强烈的情况下植物生长状况也较好，植物多样性较高，表明在轻度干扰的情况下，半干旱区植被具有较好的自然恢复能力；人工封育草地在完全封育无人为干扰的情况下群落物种多样性指标较小，表明长期完全人工封育对区域植被恢复并不一定能起到较好的效果。

生态优势度是群落水平上的综合数值，它是把群落作为一个整体而把各个种的重要性总结为一个合适的度量值，以表征群落的组成结构特征。即在群落的水平上对各物种的生态优势度进行总结得出一个能反映群落间相对优势程度的度量指标。从图 9-1 可清楚看出 6 种不同样地类型间群落生态优势度的差异，湿地生态优势度最高，12.783。其它依次为天然草地，10.417、退耕地，8.706、流沙地，8.255、撂荒地，4.483、人工封育草地，2.294。和植物物种多样性一样，不同植被保护与恢复措施群落生态优势度仍以湿地最大，封育区最小。

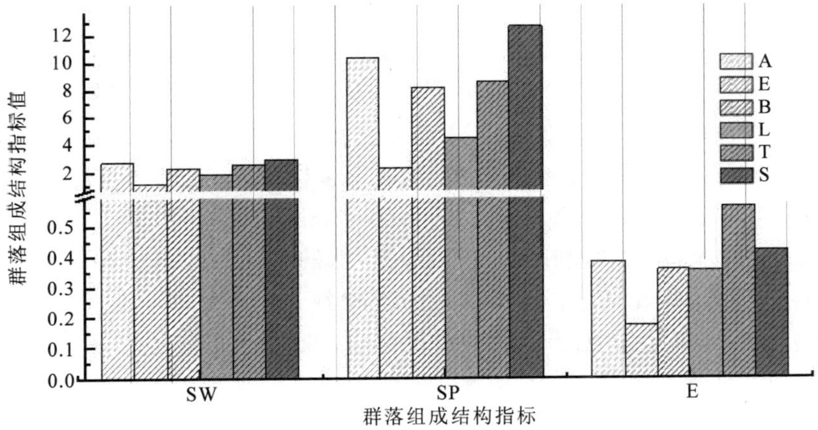

图 9-1　不同植被恢复与保护措施群落结构

Fig. 9-1　Community structure indices of different measures of vegetation protection and restoration in study area

群落均匀度反映群落种群空间分布均匀程度，均匀度指数越大群落种群空间分布越均匀，反之则分布越集中。从图 9-1 可以看出，均匀性指数排列顺序为：退耕还草地(T) > 天然草地(A) > 湿地(S) > 固定沙地(B) > 撂荒地 > 人工封育草地(E)。群落均匀度指数最大的是退耕地，为 0.572，其次为湿地和天然草地，E 分别为 0.426 和 0.386。湿地群落物种多样性指数和群落生态优势度均在所有样地类型中最高，而群落均匀度却没有退耕地高，分析其原因主要因为四儿滩湿地为盐碱湿地，尤其湿生带含盐量较高，使湿地植物生长受到抑制，碱蓬、盐爪爪、芦苇等少数几种耐湿、耐盐碱植物分布较多，影响了湿地植物的均匀分布，从而使均匀性指数较低。撂荒地和人工封育草地均匀度指数较小，分别为 0.358 和 0.174，主要因为 2006 年大量刺沙蓬迅速在撂荒地生长，导致其它植物生长受到限制，从而导致群落水平上的均匀度下降；而封育区则主要是随封育时间的延长(2000 年底封育)，黑沙蒿逐渐发展壮大，占据了大量的资源空间，限制了其它物种的生长，甚至从封育区消失(2006 年仅 13 种植物)，从而导致封育区群落均匀性指数较低。

第三节　不同植被恢复措施草地群落结构波动

为了解北方农牧交错带不同植被恢复措施群落动态特征，本节在前文不同植被恢复与保护措施群落组成结构特征研究的基础上，进一步研究撂荒地、天然草地、退耕还草地、固定沙地、人工封育草地等 5 种不同植被恢复措施草地植被群落类型动态变化特征。此外，从第六章群落格局研究结果知，湿地周边群落类型较为丰富，群落特征指标如盖度、生物量等也较高，因此，保护区湿地较为特殊，本节对湿地群落动态不作讨论，另有章节对湿地 - 草原过渡带群落边缘效应作为一种特殊的动态类型进行单独讨论(第十章)。

一、撂荒地群落结构波动

撂荒地群落结构特征见表 9-2。从表可以看出，综合反映群落组成结构特征的生态优势度指数 2002 ~ 2004 年呈上升趋势，分别为 7.071、12.538、15.197；2005 年在 2004 年的基础上下降到 9.756，2006 年下降幅度较大，为 4.483。群落多样性指数动态趋势和生态优势度指数一样，2002 ~ 2004 年群落多样性指数呈上升趋势，2004 ~ 2006 年呈下降趋势，2006 年下降幅度也较大，为 5 年来最低的一年，为 1.852。分析 2006 年撂荒地群落生态优势度指数和多样性指数均较低的主要原因：自 2000 年撂荒以来未再耕作，使植被得到有效恢复。随着撂荒时间的延长，部分农田杂草优势逐渐突显，如刺沙蓬等(见第四章)，占据了大量的资源空间，尤其植物生长季节降水较为丰富的年份(2006 年)，使多年生草本植物生长受到抑制，导致群落总体优势度水平降低。

表 9-2　撂荒地 2002 ~ 2006 年群落结构

Tab. 9-2　Community structure of abandoned land, 2002 ~ 2006

群落组成结构指标	2002 年	2003 年	2004 年	2005 年	2006 年
生态优势度指数(SP)	7.071	12.538	15.197	9.756	4.483
多样性指数(SW)	2.258	2.721	2.993	2.639	1.852
均匀度指数(E)	0.389	0.617	0.467	0.684	0.358

撂荒地群落均匀度波动较大，2002 ~ 2006 年分别为 0.389、0.617、0.467、0.684、0.358。其中以 2005 年最大，2006 年最小。群落均匀度直接受种群分布的均匀程度的影响，作为撂荒地，以一年生和多年生草本植物居多，这些种群受生长期降水量影响较大，2005 年较旱，部分优势种群生长受到抑制，以至群落整体均匀度较高。2006 年，优势农田杂草，一年生草本植物如刺沙蓬等迅速生长，占据大量空间，导致该年度群落均匀度下降。

二、天然草地群落结构波动

无量殿天然草地群落结构波动见表 9-3。2002 ~ 2006 年，天然草地群落较为稳定，群落生态优势度和多样性变化幅度较撂荒地相对较小。其中以2002年最大，SP和SW分别为15.561和2.937；2004年最小，为10.926、2.645。均匀度指数最大的是2003年，为0.570，最小的仍是2004年，0.299。

表9-3　天然草地2002～2006群落结构

Tab. 9-3　Community structure of nature grassland, 2002～2006

群落组成结构指标	2002年	2003年	2004年	2005年	2006年
生态优势度指数(SP)	15.561	13.449	10.926	11.194	10.417
多样性指数(SW)	2.937	2.830	2.645	2.703	2.727
均匀度指数(E)	0.541	0.570	0.299	0.439	0.386

元量殿天然草地处地势较高且平坦的位置，受人为干扰较小，在一定的自然影响因子下，植被可得到自然恢复。从表9-3可以看出，除2004年外，其它年份相对较为稳定。这表明半干旱农牧交错区，在一定气候、土壤、水热以及轻度人为干扰下植被能保持较为稳定的状态，是为一种有效的植被恢复措施。

三、固定沙地群落结构波动

固定沙地植物群落波动可见表9-4。从图表可知，2002～2006年，生态优势度分别为7.988、10.467、10.172、11.167、8.255；多样性指数为2.263、2.665、2.605、2.554、2.34。固定沙地群落保持了较高的稳定性，群落生态优势度和多样性指数波动幅度均较小。群落均匀度2002～2006年分别为0.507、0.557、0.230、0.659、0.36。较群落优势度指数SP及多样性指数SW，固定沙地均匀度波动幅度较大，最大的2005年是最小的2004年的2倍多。同天然草地一样，2004年固定沙地均匀度指数仍是最低的。

表9-4　固定沙地2002～2006年群落结构

Tab. 9-4　Community structure of fixed sand dunes, 2002～2006

群落组成结构指标	2002年	2003年	2004年	2005年	2006年
生态优势度指数(SP)	7.988	10.467	10.172	11.167	8.255
多样性指数(SW)	2.263	2.665	2.605	2.554	2.34
均匀度指数(E)	0.507	0.557	0.230	0.659	0.36

由于采取固沙措施后，流沙逐步得到固定，目前已初步形成固定沙丘，沙丘东南面的草地得到有效保护，受流沙掩埋等侵害程度大大降低，使得其沙丘背风面植被得到有效恢复。此外，由于选择的样地地势较低，水热条件较好，加之受流沙的影响，土壤较为疏松，使得该样地类型植被得到有效恢复。2005年在盐池县较干旱的情况下该类型草地植被能保持较高的生态优势度和群落物种多样性及群落均匀度，除受地势、水热条件等影响外，固沙措施也取到了积极的作用。

四、退耕地群落结构波动

退耕还林(草)地植被波动见表9-5。盐池县自2001年退耕以来，植被得到有效恢复。从表 9-5 可看，2002 ~ 2006 年，群落生态优势度指数分别为 7.893、7.282、12.608、11.514、8.706，处于一种波动式上升状态，表明植被得到恢复；多样性指数除 2002 年受降水影响，多样性指数较高，为 3.830 外，其它年份相对较为稳定。受当年降水及降水滞后效应的影响，2002 年和 2003 年群落种群间得到协调发展，群落均匀度较高，分别为 0.773、0.702。2004 年由于部分优势物种占据了大量的生态资源空间，使得优势度较低，为 0.531。

表 9-5 退耕地 2002 ~ 2006 年群落结构

Tab. 9-5 Community structure of rehabilitated fields grassland, 2002 ~ 2006

群落组成结构指标	2002 年	2003 年	2004 年	2005 年	2006 年
生态优势度指数(SP)	7.893	7.282	12.608	11.514	8.706
多样性指数(SW)	3.830	2.841	2.759	2.696	2.565
均匀度指数(E)	0.773	0.702	0.531	0.628	0.572

五、人工封育草地群落结构波动

人工封育区草地植被波动见表 9-6。生态优势度 2002 ~ 2006 年分别为：6.856、5.133、3.883、2.294、4.320，呈波动式下降；多样性指数分别为：2.336、2.332、1.893、1.920、1.126，和生态优势度一样，呈波动式下降；均匀度指数为：0.467、0.388、0.558、0.416、0.174。均匀度指数均较小，尤其 2006 年，表明人工封育区种群分布不均匀，主要以黑沙蒿和老瓜头等少数几种旱生植物为主，其它植物较少，2006 年封育区 42 个样方中仅出现 13 种植物，比植物种最多的天然草地少 25 种。综上，不难看出，柳杨堡人工封育区自 2000 年封育后，2002、2003 年各项指标均较高，此后呈下降趋势。

表 9-6 人工封育草地 2002 ~ 2006 群落结构

Tab. 9-6 Community structure of fenced taming grassland, 2002 ~ 2006

群落组成结构指标	2002 年	2003 年	2004 年	2005 年	2006 年
生态优势度指数(SP)	6.856	5.133	3.883	4.320	2.294
多样性指数(SW)	2.336	2.332	1.893	1.920	1.126
均匀度指数(E)	0.467	0.388	0.558	0.416	0.174

植被恢复的过程就是群落的建立和演替过程，核心是物种的更替。物种更替是群落环境演变、物种的环境适应性、竞争作用等种间关系几方面共同作用的结果和集中表现，这几方面的变化是互动的（张继义，2003）。随着封育后土壤沙化程度逐渐降低并形成结皮，黑沙蒿由于其独特的生物、生态学特性，在柳杨堡封育区迅速发展壮大，逐渐形成单优种，且继续呈增长趋势。黑沙蒿群落的壮大，占据了封育区大量的资源空间，使其它特化种逐渐丧失生存空间直至消失，导致封育区群落生态优势度、物种多样性以及均匀度等均呈现不同程度的下降；此外，随着封育时间的增加，沙质土壤的结皮加厚，使得土壤入渗率受到影响，干旱、半干旱区有限的降水未能得到充分利

用，从而使植物生长受到影响，这也是封育区草地植被各项植被呈现下降趋势的一个重要原因。

第四节　小结及讨论

一、小结

(一)六种不同植被恢复与保护措施群落结构特征研究表明，保护区湿地、天然草地及退耕还草地物种数、群落生态优势度、多样性指数及群落均匀度均较其它样地类型高，表明这3种植被恢复与保护措施是行之有效的，尤其湿地各项均最高。按S、SP、SW、E，湿地分别为：43、2.915、12.783、0.426，天然草地为38、2.727、10.417、0.386，退耕地为：24、2.565、8.706、0.572；2006年，在6种不同植被恢复与保护措施中，人工封育草地群落各项指标均是最低的，SP、SW、E分别为1.126、2.294、0.174。表明长期人工封育并未起到较好的植被恢复作用。

(二)不同植被恢复措施群落波动研究表明：退耕还草、植被自然恢复、撂荒等措施均起到了有效的植被恢复作用，尤其退耕还草和轻度干扰下的自然恢复措施。5种植被恢复措施2002～2006年群落动态研究还发现，人工封育草地自2000年底封育后2～3年群落各项指标均较高，此后呈现下降趋势，到2006年，封育区群落生态优势度、群落均匀度等指标均为6种不同植被恢复与保护措施中的最低。

二、讨论

在不同植被恢复与保护措施样地类型中，自然保护区湿地作为农牧交错带独特的生境类型，其物种数、群落生态优势度、多样性指数及群落均匀度均远高于采取其他保护及恢复措施的样地。作为西北干旱、半干旱地区宝贵的资源，湿地对于维护区域生态平衡起着不可估量的作用。但是湿地的形成和维持需要源源不断的外界水源补给。随着西北水资源短缺问题的突出，湿地入水量一般呈下降趋势，湿地更趋向于干旱。特定的水文条件是湿地形成与维持的驱动力，对这种条件的破坏会导致湿地的退化乃至消失，而这种依赖性在干旱、半干旱地区尤为明显(王国平，2001；买买提·阿不都拉，2001)。由于湿地干旱程度的加剧，其周边生境由于物质、能量流等得不到补给而随之受到影响。因此保护湿地，使湿地水源得到源源不断的补充对湿地及其周边生态系统的平衡具有重要意义，尤其对于地处半干旱区的北方农牧交错带显得尤为重要，宁夏哈巴湖国家级自然保护区正是以湿地保护为主要目标而建立的。

退耕还林(草)自实施以来已得到逐步深入开展，实践证明，退耕还林(草)是一项行之有效的植被恢复措施，是当前西部大开发战略中农业结构调整、生态建设和植被恢复中的一项重大举措，是我国农业由“垦草殖谷即农”、“奖励耕作”、“以粮为纲”的垦殖性农业向重视植被恢复、人地协调发展的可持续性农业发展的重大转变(张自和，2002)。在不同的植被恢复措施中，退耕还草措施较为有效，国家应继续深入推行退耕还林(草)政策。

人工封育是一种有效的快速植被恢复措施。以牧业为主的北方农牧交错带，降水较为稀少，且年际变化较大，封育后草地植被能够迅速恢复。自2000年底封育后，柳杨堡人工封育区群落物种多样性指数在封育2~3年后较高，而封育4~5年后各项群落结构指标出现不同程度的下降，表明封育对植被恢复并不是呈简单的线性关系。因此对于北方农牧交错带而言，完全长期封育并不能使草地植物多样性得到有效增加。一方面随着封育时间的延长，封育区内优势种不断扩展，占据了大量的资源空间，使得一些特化种生存空间变小直至消失，使得物种多样性减少；另一方面，随着沙地流动性减小和结皮的增加，降水渗透率和利用率减小，植物群落随着封育年限的增加呈现衰退现象。国内外对干旱区草场长期动态监测结果也同样表明，长期封育并不能提高草场的生产力及植被覆盖度（Hiernaux，1998；Omar，1991；Turner，1998；杨晓晖，2005）。但从固沙角度讲，随着连续封育时间的延长，土壤表面形成结皮并逐渐变厚，使固沙效果明显得到加强（闫德仁，2004），从这个角度讲，长期完全封育效果显著。位于我国北方农牧交错带的宁夏盐池，其人工封育草地在封育2~3年后植被特征值增加显著，尤其生物量，但此后随着封育时间的延长，植物物种多样性呈下降趋势。故该地区封育周期以2~3年为宜，以2~3年为封育周期进行轮牧或刈割，这样一方面可以使结皮松动，有利于有限的降水被植物充分利用；另一方面可抑制优势种的扩展，使伴生种、特化种获得生存空间，从而增加物种多样性和植物特征值，使生产力得到提升。

第十章　盐池半荒漠化地带湿地－草原群落交错带边缘效应

第一节　边缘效应研究概述

群落交错带边缘效应是植被动态学研究的一项重要内容。当前，关于生态交错带边缘效应，国内外学者进行了较为深入的研究。相关研究表明湿地－草原交错带湿地植物群落物种多样性最低，草原带植物群落物种多样性较高，而湿地－草原群落交错带物种多样性最高，这充分体现了群落交错带的边缘效应；苗莉云等对太白红杉群落交错带植物群落研究认为：群落的边缘效应不仅受小气候影响，也受地形和土壤等因子的影响（苗莉云，2005）。Burk 在美国新英格兰州内陆淡水沼泽发现湿地－水体交错带植物多样性最低，沼泽中部较高，湿地－高地交错带最高（Burk，1977）；Terborgh 对秘鲁鸟的物种多样性进行研究后发现，其最大值出现在低云雾林，在山地雨林－云雾林生态交错带，47 种鸟终止分布（Terborgh，1977；Terborgh，1985）。牟长城等发现长白山林区森林－沼泽交错带群落的植物多样性有沿环境梯度逐渐增高的趋势，发育成熟的交错带群落有最高的植物多样性，且存在相当数量优势种生物类群（牟长城，1998）；李新荣观察到俄罗斯平原针－阔林交错带比相邻群落具有更高的多样性（李新荣，1999）。

由第五章有关盐池群落分布格局特征研究知，盐池由于湿地这一特殊的生境类型的存在，使植被类型较为丰富。湿地周边植被受湿地水分、土壤养分等影响，植被生长状况较好，植物种类丰富，群落特征值如高度、生物量等均较高，群落边缘效应明显。此外，群落边缘效应也是植被动态学研究的重要组成部分。因此，本章以四儿滩湿地－草原生态交错带为研究对象，单独对群落边缘效应作为一种特殊的动态类型进行讨论。

第二节　四儿滩湿地概述

四儿滩湿地位于盐池县境内，隶属于哈巴湖荒漠湿地国家级自然保护区，是保护区内湖泊面积较大的一块湿地。哈巴湖荒漠湿地国家级自然保护区于 2006 年 2 月经国务院批准成立，主要保护对象为荒漠－湿地典型的自然生态系统，鄂尔多斯台地向黄土高原、干草原向荒漠草原、半干旱区向干旱区、农区向牧区过渡带、湿地等自然生态综合体，区域湿地珍稀的动植物资源及物种多样性等。保护区的主要保护价值在于：保护干旱、半干旱地区宝贵的湿地资源；维系半干旱区湿地生物多样性；湿地对半干旱干草原、荒漠草原生态系统的稳定，尤其干旱年份湿地周边生态系统的平衡；保护重要的物种种质资源；防风固沙、保持水土、涵养水源、调节气候。因此，哈巴湖自然保护区保护类型较为特殊，突出了对湿地动植物资源的保护，由此突出了湿地在干旱、半干旱区的重要性。

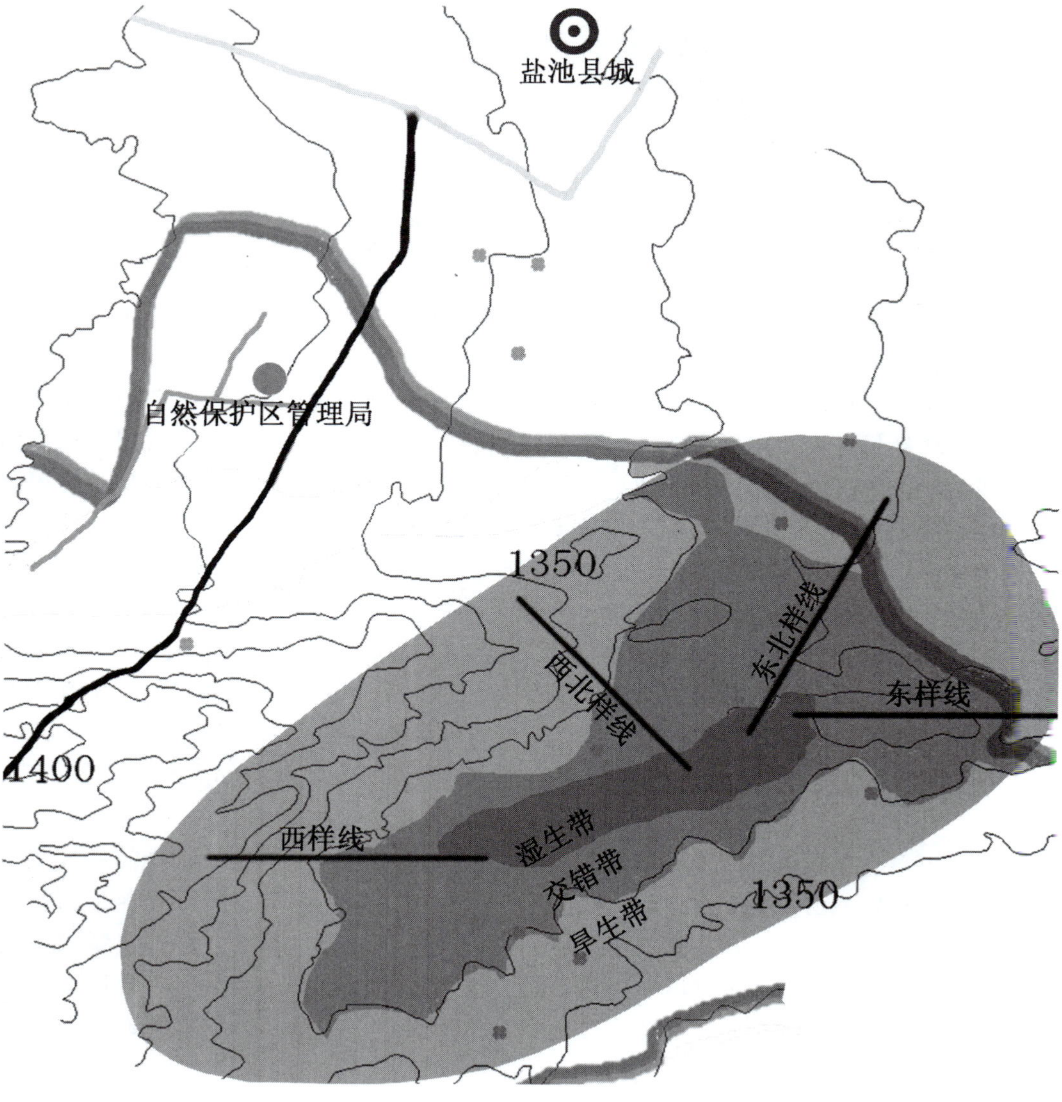

图 10-1　四儿滩湿地位置及样线分布示意图

Fig. 10-1　The diagrammatic sketch of Siertan wetland and sample lines distribution

四儿滩湿地面积约 1420hm^2，海拔 1320～1370m。湿地季节性积水特征明显，水面面积受降雨量影响较大。水源主要来自地下水，周围山洪及佟记圈沟(多年平均径流量 250m^3/d,)，红山沟(多年平均径流量 1200m^3/d,)地表径流，降水渗漏补给等。由于湿地盐碱化程度较高，主要生长耐湿、耐盐碱植物，而且主要生长在湿地边缘，如芦苇、盐爪爪、白刺等；草原生态系统由于水分条件较差，其植物类型主要是旱生和中旱生植物，如苦马豆(*Sphaerophysa salsula* (Pall.) DC.)、苦豆子等；湿地－草原交错带由于土壤水分条件较好，植物种类丰富，植被类型包括了所有湿地植物和草原植物，同时还有交错带的特有植物，如海乳草、草瑞香（*Diarthron linifolium* Turcz.）等植物。根据植物生活型、植被分布特征、生境特征等将四儿滩湿地生态系统从湿地至草原划分为湿生带、交错带、旱生带，以下简称“三带”。外业植被土壤调查采用样线法沿湿生带－交错带－旱生带布设样方，样线方向为西、西北、东北、东等4条。由于湿地南面受人为干扰较为严重，植被受到严重破坏，故为进行南面植被土壤取样，四儿滩湿地位置及样线分布示意图见图10-1。

第三节　湿地—草原生态系统群落边缘效应

一、四儿滩湿地植物群落组成概述

由于湿地自身的特点使其物种较为丰富。就盐池四儿滩而言，其植物种类较其周边生境如人工草地、天然草原、撂荒地等类型的植物种类丰富。2005年4条样线内共出现12科42种植物，其中菊科11种，占26.2%，豆科7种，占16.67%，禾本科7种，占16.67%，藜科7种，占16.67%，蒺藜科2种占4.76%，其他如报春花科、补血草科、大戟科、瑞香科、远志科、芸香科、紫葳科等各1种，占2.38%。采用双向指示种分析方法（Two-way Indicator Species Analysis，TWINSPAN）对123个样方，42种植物种群进行群落分类，分类结果结合实地状况将湿地－草原生态系统植物群落划分分为3个植被型，14个群丛：

（1）沼泽植被：Ⅰ 盐爪爪＋碱蓬群丛（Ass. *Kalidium foliatum*, *Suaeda salsa*）；Ⅱ 白刺＋盐爪爪－芦苇群丛（Ass. *Nitraria tangutorum*, *Kalidium foliatum-Phragmites communis*）；Ⅲ 芦苇＋碱蓬群丛（Ass. *Phragmites communis*, *Suaeda salsa*）；Ⅳ 芦苇＋盐爪爪群丛（Ass. *Phragmites communis*, *Kalidium foliatum*）；Ⅴ 芦苇＋海乳草－蒲公英群丛（Ass. *Phragmites communis*, *Glaux maritime-Taraxacum mongolicum*）。

（2）草甸植被：Ⅵ 白刺＋白草群丛（Ass. *Nitraria tangutorum*, *Pennisetum flaccidum*）；Ⅶ 碱蓬＋赖草＋雾冰藜－灰菜－小花亚菊群丛（Ass. *Suaeda salsa*, *Anaeurolepidium secalium*, *Bassia dasyphylla-Chenopodium glaucum-Ajania parvi flora*）；Ⅷ 灰菜＋白刺＋雾冰藜群丛（Ass. *Chenopodium glaucum*, *Nitraria tangutorum*, *Bassia dasyphylla*）；Ⅸ 白刺＋赖草＋西伯利亚蓼群丛（Ass. *Nitraria tangutorum*, *Anaeurolepidium secalium*, *polgonum sibiricum*）；Ⅹ 芨芨草＋白刺＋灰菜群丛（Ass. *Achnatherum splendens*, *Nitraria tangutorum*, *Chenopodium glaucum*）；Ⅺ 碱地风毛菊＋赖草－苦豆子群丛（Ass. *Saussurea runcinata*, *Anaeurolepidium secalium-Sophora alopecuroides*）。

（3）草原植被：Ⅻ 赖草＋碱地风毛菊群丛（Ass. *Anaeurolepidium secalium*, *Saussurea runcinata*）；ⅩⅢ 赖草＋北拟芸香－西伯利亚蓼＋雾冰藜群丛（Ass. *Anaeurolepidium secalium*, *Haplophyllum dauricum-polgonum sibiricum*, *Bassia dasyphylla*）；ⅩⅣ 苦豆子－白草＋刺沙蓬＋赖草群丛（Ass. *Sophora alopecuroides-Pennisetum flaccidum*, *Salsola ruthenica*, *Anaeurolepidium secalium*）。

二、四儿滩湿地“三带”群落结构

四儿滩湿地－草原生态系统湿生带、交错带、旱生带群落结构指数计量结果见表10-1。从表1可以看出，4条样线4种群落结构指标，即丰富度指数、群落生态优势度指数、多样性指数和均匀性指数按湿生带、过渡带、旱生带所呈现的变化规律基本一致。丰富度指数R以交错带最大，其次是旱生带，最小的是湿生带。这种趋势最为明显的是西样线，按湿生带、交错带、旱生带顺序R1为5、24、14；R2为0.909、5.145、2.944。丰富度指数所反映的是群落物种种类和数量多少的度量指标，四条样线计量结果表明群落交错带无论是植物物种种类组成还是数量都远高于湿生带和旱生带，植物种群几乎涵盖了湿生带和旱生带的所有物种，这充分体现了群落交错带维护生物多样性等边缘效应的特点。

表10-1　盐池四儿滩湿地“三带”群落结构

Tab. 10-1　Community structure of “three strips” in Siertan, Yanchi County

样带位置及分布		丰富度指数		群落生态优势度	物种多样性	群落均匀度
		R1	R2	SP	SW	E
东	湿生带	14	2.948	4.476	1.964	0.471
	交错带	22	4.714	10.299	2.596	0.591
	旱生带	19	4.035	9.776	2.564	0.666
西北	湿生带	7	1.349	2.399	1.239	0.408
	交错带	20	4.31	7.1	2.319	0.482
	旱生带	9	1.764	5.4	1.852	0.672
西	湿生带	5	0.901	1.92	0.86	0.341
	交错带	24	5.145	9.52	2.58	0.53
	旱生带	14	2.944	6.96	2.23	0.638
东北	湿生带	14	2.942	4.5	1.917	0.446
	交错带	29	6.286	15	2.93	0.633
	旱生带	17	3.586	9.6	2.48	0.684

群落生态优势度指数SP和物种多样性指数SW是2个综合反应群落组成结构的指标。西样线、西北样线、东北样线、东样线，无论是群落生态优势度指数还是物种多样性指数无一例外，均是群落交错带最大，其次是草原旱生带，最小是湿生带。东北样线最为明显，按湿生带、交错带、旱生带的顺序SP为4.5、15、9.6，SW为1.917、2.93、2.48。湿地三个植被带景观见图10-3、10-3、10-4。

群落均匀度指数变化规律较丰富度指数、群落生态优势度指数及物种多样性发生了一定变化，4条样带计算结果表明，群落均匀度指数最大的是旱生带而非湿地－草原群落交错带，最小的仍然是湿生带。这种变化以西北样线最为明显，按湿生带、交错带、旱生带的顺序E分别为0.408、0.482、0.672。分析草原旱生带群落均匀度指数高于群落交错带的主要是因为盐池县实行全县禁牧以后草原受人为活动影响越来越小，植物群落演替进入一个新的阶段，即植被优势群落逐渐形成阶段，预计继续禁牧5～10a盐池县天然草场和人工草地将进入以黑沙蒿等为主的小半灌丛顶级群落。此外，由于湿生带受盐碱化的影响植物分布较集中，整体均匀性较差；过渡带受地形抬升、盐碱化、水分供应不均等因素的影响，其均匀性指数较干旱草原带低。

图10-2　四儿滩湿地湿生带植被景观

Fig. 10-2　Landscape in wetland zone in Siertan, Yanchi

图10-3　四儿滩湿地交错带植被景观

Fig. 10-3　Landscape in ecotone in Siertan, Yanchi

图10-4　四儿滩湿地旱生带植被景观

Fig. 10-4　Landscape in arid grassland in Siertan, Yanchi

图 10-2、10-3、10-4 是四儿滩湿地“三带”植被景观实地照片，从照片可直观地看出三个植被带群落分布状况，同时也可以看出交错带较其它 2 个植被带植被生长状况要好得多，也充分体现了交错带群落的边缘效应。

三、边缘效应对湿地 – 草原交错带不同方向群落结构的影响

不同样线湿地 – 草原生态系统交错带群落组成结构计量指标见表 10-2。从图表可看出，不同样线方向湿地 – 草原交错带群落组成结构差异较大。R 最大的是东北样线，R1、R2 分别为 29、6.286，最小的是西北样线，R1、R2 为 20 和 4.31；群落生态优势度按从大到小的顺序为东北、东、西、西北，分布为 15.0、10.30、9.52、9.52；物种多样性指数 SW 样线间差异同群落生态优势度 SP 完全一致，即东北 > 东 > 西 > 西北；群落均匀度最大的仍是东北样线为 0.633，最小的是西北样线，为 0.482。

表 10-2　四儿滩湿地 – 草原交错带不同方向群落组成结构

Tab. 10-2　Community structure indices of different direction in Siertan wetland-arid grassland ecotone

样线方向	R1	R2	SP	SW	E
东	22	4.714	10.30	2.596	0.591
西北	20	4.31	7.10	2.319	0.482
西	24	5.145	9.52	2.58	0.53
东北	29	6.286	15.0	2.93	0.633

研究表明，边缘效应对湿地 – 草原交错带 4 个方向，即东、东北、西、西北均存在影响，且不同方向边缘效应对交错带群落组成结构影响并不一致，存在较大差异。东、东北两个方向无论群落生态优势度、物种多样性指数还是群落均匀度均是 4 个方向最大的，尤其东北样线，各种指标均是最大的；与此相反，西、西北向各指标均较低。分析边缘效应对 4 条样线（即 4 个方向）影响存在较大差异的原因，主要有 2 个方面：一是全县禁牧实施以后盐池县植被生长状况如群落盖度、生物量等均有明显的提高，但是放牧现象时有发生。由于放牧现象的存在导致四儿滩湿地 – 草原生态交错带群落组成结构样线间的不平衡。从实地调查情况可知，湿地西向、西北向两个方向距离居民点比较近，人为活动（如放牧、践踏等）干扰频繁，使这 2 个方向的植物被牛羊大量嚼食，使植被盖度、生物量等大为降低，植被受到严重破坏，使西、西北交错带群落结构指标下降。而东向和东北向远离居民点，受人为活动影响程度较低，受人为活动干扰较小；二是因为湿地和草原生态系统都是开放系统，这就导致了物质、能量从湿地生态系统向交错带输送，输送媒体是水、空气和生物。交错带地势抬升程度不同使通过它的物质、能量被拦截的程度不同，尤其是影响干旱、半干旱区植物生长的重要生态因子 – 水分被拦截和输送的程度的不同，导致其空间再分配的失衡，这就使得不同方向交错带植物群落的差异。东和东北向地势比较平坦，而西和西北向地势抬升比较明显（东、东北向两条样线均未超过 1350m 等高线、而西、西北向两条样线均超过 1350m 等高线，尤其西样线已跨过 1360m 等高线，见图 10 ~ 1），这就导致湿地水分、物质、能量等的空间再分配的不平衡，降水量较少的 2005 年尤为明显。

第四节　小结及讨论

一、小结

（一）对湿地－草原生态系统四个方向“三带”群落组成结构的研究表明，除群落均匀度旱生带稍大于交错带外，其它群落组成结构指标如群落丰富度指数、群落生态优势度、物种多样性指数等均是交错带最大，充分体现了群落交错带的边缘效应。

（二）对四个方向植物群落交错带的研究表明，边缘效应对群落交错带植物群落影响存在较大差异，东北样线各种群落组成结构指标如群落丰富度、群落生态优势度、物种多样性指数、群落均匀度等均最大，而西北方向各指标均最小。造成不同方向群落交错带边缘效应差异的原因，一是人为活动造成样线间的群落差异，二是不同样线间地形抬升程度不一致。

二、讨论

生态交错带之所以引起生态学家的关注，主要是由于边缘效应（傅伯杰，2001），不同尺度不同类型的生态交错带均显示出较高的生物多样性（王庆锁，1997）。本文的研究结果也表明，湿地－草原交错带较其周边生境类型群落组成结构各项指标多较大。交错带通常既包括相邻生境群落的多数物种类型，还包括只生长在交错带内部的物种，因此交错带群落生态优势度、物种多样性等一般比相邻群落大。正是由于交错带保持了较高群落生态优势度、物种多样性，其保护力度逐渐得到加强。然而交错带与其周边生境是相互影响、相互依赖的有机体，若其周边生境受到破坏，则将影响交错带动植物以及微生物的正常运转，从而导致群落交错带边缘效应的下降。宁夏哈巴湖自然保护区的成立是以保护和改善该地区整个湿地－草原生态系统动植物的生存环境为主要目的，不仅仅局限于交错带的保护。随着保护力度的加大，湿地及其周边环境植被进一步得到恢复，优势种的优势地位进一步得到巩固，群落生态优势度、群落丰富度、物种多样性等将进一步提高，交错带边缘效应也随之突显。

湿地作为西北地区干旱、半干旱地区宝贵的资源，对于维区域生态平衡起着不可估量的作用。但湿地的形成和维持需要源源不断的外界水源补给。随着西北水资源短缺问题的突出，湿地入水量一般呈下降趋势，湿地更趋向于干旱。特定的水文条件是湿地形成与维持的驱动力，对这种条件的破坏会导致湿地的退化乃至消失，而这种依赖性在干旱地区尤为明显（王国平，2001；买买提·阿不都拉，2001）。由于湿地干旱程度的加剧，其周边生境由于物质、能量流等得不到补给而随之受到影响。湿地－草原生态系统干旱加剧的直接后果是交错带收缩，边缘效应减弱，区域荒漠化程度加剧，群落生态优势度、物种多样性等降低。因此保护湿地，使湿地水源得到源源不断的补充对西北干旱、半干旱区湿地及其周边生态系统的平衡具有重要意义。

第十一章 基于 NDVI 理论与方法的盐池县草地植被动态

第一节 NDVI 研究概述

随着遥感技术的不断发展以及基于遥感数据的植被信息提取技术、植被动态等研究的深入，植被指数(Vegetation index)在植被动态、荒漠化动态等方面研究的运用日趋广泛。迄今为止，国内外学者对植被指数的构建、修正，运用植被指数和地表实测资料进行回归反演，以及基于植被指数的植被动态等方面进行了深入、行之有效的研究。Rouse 等在对 RVI 非线性归一化处理后得出归一化差值植被指数 NDVI，NDVI 增强了对植被的响应能力，是目前应用最广的植被指数(Rouse，1974)。Qi 等对土壤调节指数 SAVI 进行了改进，提出了修正土壤调节指数 MSAVI(Qi，1994)。目前，植被指数种类越来越多，但由于 NDVI 自身的特点，使得它在植被研究以及植物物候研究中得到广泛应用，是植物生长状态以及植被空间分布密度的最佳指示因子，与植被分布密度呈线性相关(罗修岳，1994)。

基于植被指数的植被动态监测研究目前正逐渐得到深入与推广。McCloy 等较早就断言，遥感方法可运用于草地的实际监测(McCloy，1991)。Justice 等发现遥感是研究小范围内草地发展变化的有效方式(Justice，1986)。但就大范围的草地植被动态监测而言，中低分辨率的 NOAA 及 MODIS 影像则显得更合适。80 年代中期，新西兰开始采用 NOAA 资料计算的归一化植被指数 NDVI 来监测草地生产力的动态变化，发现牧草生长末期的地上生物量与 NDVI 密切相关，NDVI 和 RVI 与绿色生物量有很好的相关性；NDVI 在木本植物覆盖率小于 10% 时，可提供直接监测总产草量的方法(Taylor，1985)。徐全芝等采用多种植被指数对黑河流域叶面积指数进行了遥感反演，结果表明在黑河流域绿洲区使用 SAVI，山区采用 SR 反演 LAI 会取得最佳的反演精度(徐全芝，2003)。席建超等运用遥感数据对江西省泰和县境内的针叶林有效叶面积指数进行了反演，反演结果表明不同林型有效叶面积指数与 NDVI 均具有较高的相关性，同时 3 次多项式回归模型是叶面积指数反演的最佳模型(席建超，2004)。李开丽等运用植被指数与外业实测叶面积指数的回归分析结果也同样表明 3 次多项式回归模型是最佳遥感 - 植被反演模型(李开丽，2005)。池宏康(对黄土高原地区提取植被及生态环境信息的方法的研究结果认为 MSAVI 能增强植被信号，并可最大限度地消除土壤背景的影响，NDVI 可宏观地反映植被类型的分布池宏康，1996)。赵冰茹等研究了锡林郭勒不同草地类型 2002 年 4 ~ 10 月 MODIS - NDVI 旬变化，结果反映了草地在其生长期内各个阶段植被指数的变化，进而反映生长状况(赵冰茹，2004)。

盐池县因特殊的地理位置，草地面积在 80 年代已占全县土地利用面积的 80% 左右，乔木林和灌木林以及路旁绿化树等占全县土地利用面积的 3% 不到，其中乔木林全部是人工林，占全县土地利用面积的 1% 不到（表 4-3 盐池县土地利用结构表）；2002 年随着退耕还林政策的开展，盐池耕地面积逐渐减少，而草地（或草灌地）面积逐渐增加，到目前为止，盐池草地（及灌草地）面积占全县土地利用面积的 90% 以上。本章在建立遥感反演模型时未剔除人工乔木林等其它土地利用类型，一方面，草地是全县土地利用的主体，同时如道路、水域、城区等非植被信息 NDVI 值基本为 0。因此，盐池 NDVI 计算结果基本上是草地植被信息，其它土地利用类型较少，从景观（宏观）尺度来讲，不影响结果分析。在不影响研究结果的情况下，方法探讨更显重要。

本章基于 MODIS－NDVI，在建立 NDVI－生物量反演模型的基础上，以盐池为例，在景观尺度（宏观尺度）上研究农牧交错带草地植被数量动态特征，探讨植被动态的主要影响因子。景观尺度基于遥感数据，能够客观的记载植被动态信息，因此，采用遥感数据从景观尺度上对草地植被进行研究，其结果比较客观，能够很好的检验和呼应种群和群落尺度上的波动研究结果。

第二节　基于 NDVI 的草地植被反演模型建立

一、反演模型地面数据获取

外业数据获取时间为 2005 年 7～8 月，按照不同生境类型、不同植被恢复与保护措施进行样地布设，主要样地类型有：退耕还草地、撂荒地、天然草地、封育草地、湿地等。除 46 块固定样地外（图 3-1，附表 1），我们还在盐池全县范围内样地随机选取了 10 块以草地植被为主的样地进行生物量和植被盖度调查，并采用 GPS 准确记录地理坐标信息。本次调查固定样地和随机样地共 56 块，固定样地、随机样地规格均为 200m × 200m～500m × 500m，与 MODIS 分辨率接近（MODIS 第 1、第 2 波段分辨率为 250 × 250m）；植被调查采用样方法进行，方法是以样地中心点向四周辐射取 10～20 个样方。调查内容包括了植被盖度、生物量等植被数量特征值。考虑到植被盖度在外业调查时多采用目视估测，且估测标准不一，存在较大误差，故未采用植被盖度进行模型计算。生物量采用天平现场测量，其精度较高，标准也统一，所以本次研究采用植物生物量作为植被信息特征值进行模型反演运算。

二、遥感资料获取与处理

采用 2002 年 8 月、2003 年 8 月、2004 年 8 月、2005 年 7 月及 2005 年 8 月的 MODIS 数据（数据来源：http：//glcf. umiacs. umd. edu/index. shtml）。经过几何校正、投影转换、掩膜制作、研究区截取等预处理，各种处理均采用遥感处理软件 ERDAS IMAGING 8. 7 进行。

三、NDVI 的计量及其实现

采用公式（8-1）进行归一化植被指数（NDVI）计算，其中 b1 为 MODIS 影像的第一波段，也即红光波段（RED），b2 为 MODIS 影像第二波段，也即近红外波段（NIR）。运用 ERDAS IMAGING 8.7 Model maker 实现 NDVI 的计量，如图 11-1 所示，在 NDVI 计算过程中采用了去“0”判断语句，去除分母是“0”的情况，使计算得以顺利进行。

$$NDVI = \frac{b2 - b1}{b2 + b1} \tag{8-1}$$

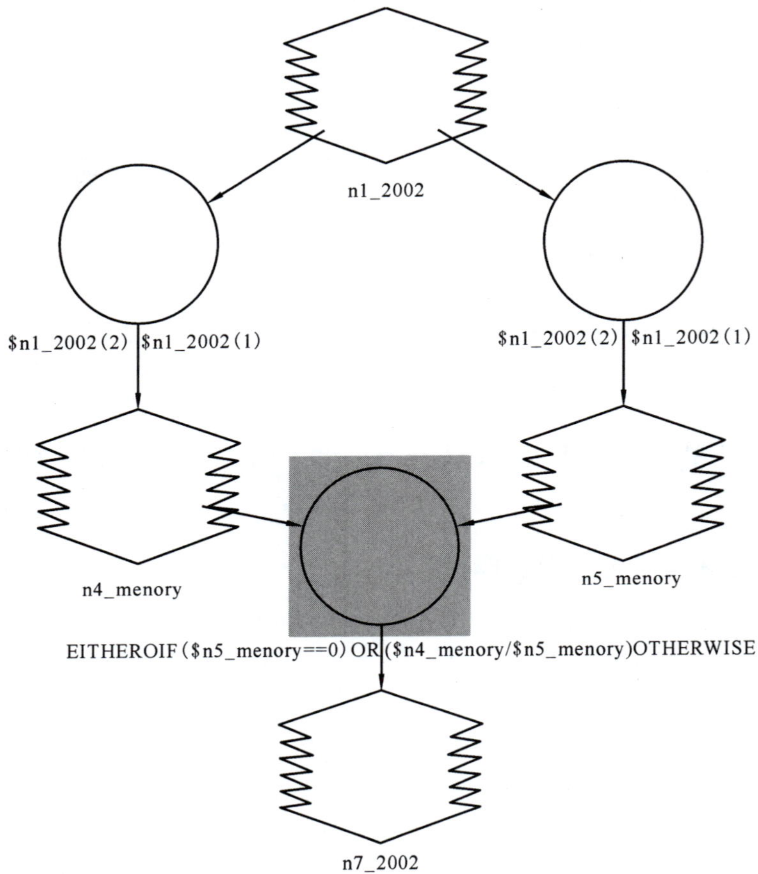

图 11-1　MODIS－NDVI 计算流程图

Fig. 11-1　Computation flowchart of MODIS-NDVI

四、模型建立

因外业数据的获取时间为 2005 年 7 月初至 8 月中旬，模型建立采用 2005 年 7 月和 8 月的 MODIS－NDVI 算数平均值，方法是使用 IMAGING 8.7 计算两个时像的 MODIS－NDVI 的算数平均值，在生成的灰度图上精确地获取 56 块样地中心点的 NDVI 像元值。NDVI 像元值结合实测生物量，采用线性、指数、对数、2 次多项式、3 次多项式进行回归，得到不同回归方式生物量和 NDVI 值的回归模型，回归方程见表 11-1。几种回归模型中，多项式回归模型拟合较好，相关系数较其拟合模型高，尤其是三次多项式回归模型，其相关系数 R 达 0.809，均高于其它回归模型，故选择三次多项式回归模型为研究区草地生物量反演最佳模型：

$$Y = 887841NDVI^3 - 710288NDVI^2 + 198232NDVI - 15935 (R = 0.809) \tag{8-2}$$

表 11-1　不同回归模型及相关系数

Tab. 11-1　Regression models and correlation coefficients

回归方式	回归分析模型	R
线性 A	$y = 14570NDVI - 660.46$	0.773
二次多项式 B	$y = 62638NDVI^2 - 22117NDVI + 4622.9$	0.795
三次多项式 C	$y = 887841NDVI^3 - 710288NDVI^2 + 198232NDVI - 15935$	0.809
对数 D	$y = 4064.8Ln(NDVI) + 8631$	0.754
指数 E	$y = 1122.9e^{3.919NDVI}$	0.765

第三节　基于 NDVI 的盐池草地植被数量特征波动

一、生物量等级图的生成

在 ERDAS IMAGING 8.7 空间建模模块 Model Maker 支持下实现公式(8-2)，即研究区草地植被遥感反演模型，得到研究区生物量灰度图，需要说明的是，盐池县主要以草地植被为主，林地等其它植被类型较少，其中林地面积占盐池县总面积的 3% 不到，且多为人工林，故本文并没有单独提取林地等，不影响宏观尺度上的植被动态分析；根据研究区植被现状及相关文献(刘卫国，2005)将研究区草地生物量划分为无植被、0 ~ 2000kg · hm^{-2}、2000 ~ 3000 kg · hm^{-2}、3000 ~ 5000 kg · hm^{-2}、5000 ~ 7000 kg · hm^{-2}及 >7000 kg · hm^{-2}等 6 个等级，用Ⅰ、Ⅱ、Ⅲ、Ⅳ、Ⅴ、Ⅵ表示，分别对应植被生长状况极差、差、较差、中等、较好、好，详见表 11-2。在 ERDAS IMAGING 8.7 空间建模 Model Maker 下实现生物量等级划分，得到研究区生物量等级灰度图；运用地理信息系统软件 Arc GIS 9.0 对生物量等级灰度图赋予不同颜色，得到研究区不同时期植被生物量等级图 11-2，同时在 Arc GIS 9.0 下统计各生物量等级区域面积。

二、盐池近年植被生物量等级波动

研究区 2002 ~ 2005 年草地植被不同生物量等级波动见图 8-3 和表 11-3。从中可以看出，5 个生物量等级所占面积相差较大，Ⅰ(无植被)区域主要是裸沙地、水域、道路、建筑等，所占面积 2002 ~ 2005 年均为所有等级类型中最小，且变化幅度也不大，2002 年最大为 2721.24hm^2，这主要是因为 2002 年降雨较为丰富，尤其是植物生长季节的 6、7、8 三个月降水较为丰沛(267.7mm)，水域面积增加使该等级面积增加；2003 年、2004 年稍有缩减，分别为 1403.28hm^2、842.13hm^2，主要原因是 2003、2004 降水减少，水域面积有所缩减，且由于前期降水丰沛，裸沙地植被得到一定恢复；2005 年该类面积又有所上升，为 2481.93 hm^2，这与 2005 年植物生长季节干旱、高温，水域面积锐减、大面积一年生草本植物死亡造成地表裸露形成裸沙地等有关。

表 11-2　北方农牧交错带草地植被生物量等级 - 植被状况表

Tab. 11-2　Biomass gradation and vegetation status in Farming-Pastoral Ecotones

等级代码	Ⅰ	Ⅱ	Ⅲ	Ⅳ	Ⅴ	Ⅵ
生物量等级(kg · hm^{-2})	无植被	0 ~ 2000	2000 ~ 3000	3000 ~ 5000	5000 ~ 7000	>7000
植被状况	极差	差	较差	中等	较好	好

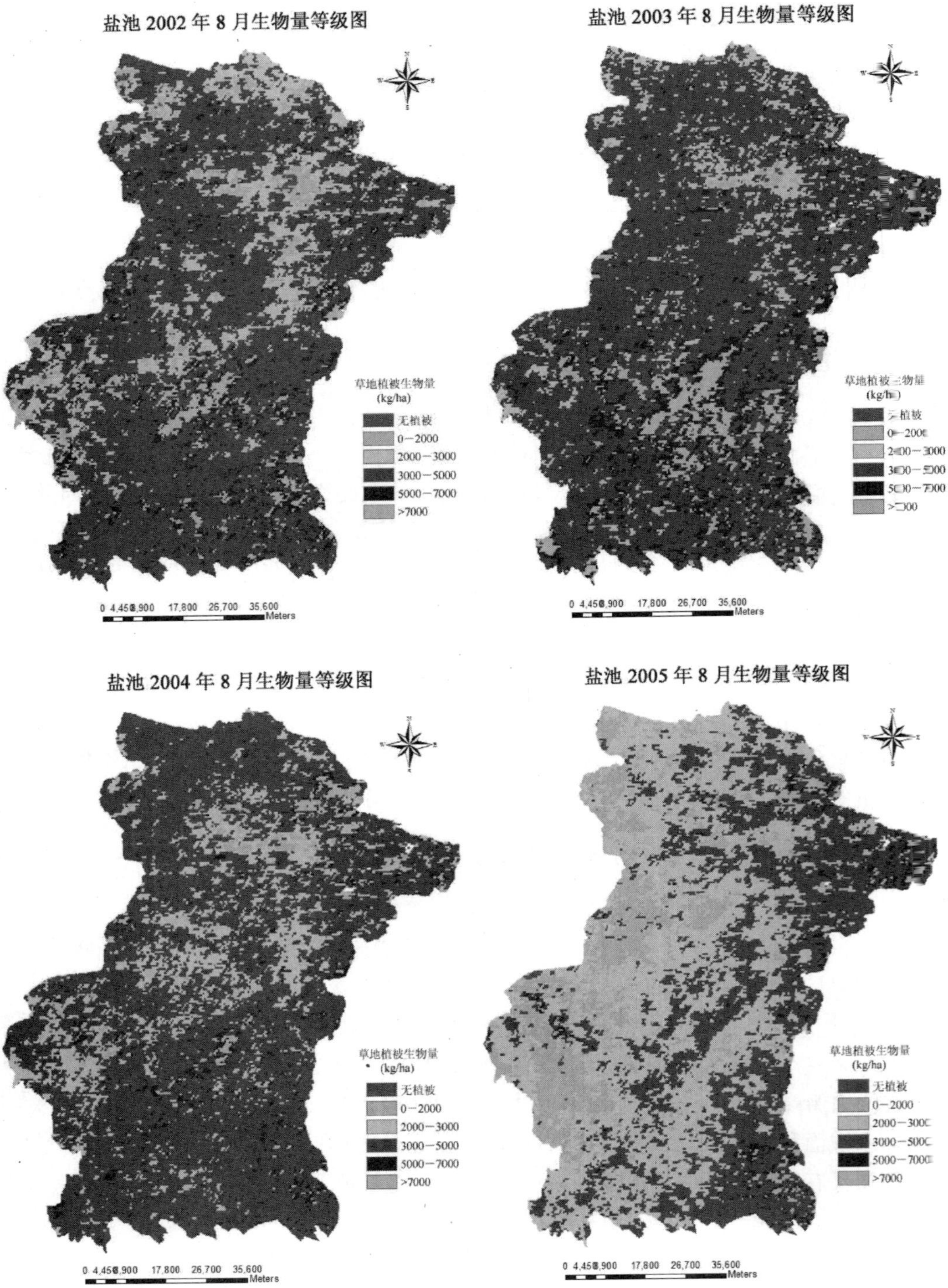

图 11-2　研究区 2002 ~ 2005 年生物量等级图

Fig. 11-2　Biomass gradation of study area, 2002 ~ 2005

生物量等级Ⅱ(0～2000kg·hm⁻²)的区域是植被生长差、植被覆盖度低、沙化较为严重的区域，主要是一些流沙地，立地条件极差，植被恢复较其它立地类型的区域慢。2002 年由于前期降水(2001～2002 年)较低，未能在 2000 年大旱以后(2000 年研究区降水不足 160mm)全面恢复，为 21157.83hm^2；2003 年、2004 年研究区降水量与多年平均降水量持平，植被可得到自然恢复，加之前期降水(2002 年)较为丰富(399mm)，使植被较差的区域得到进一步恢复，使该等级在 2002 年基础上有所缩减，分别为 4859.19hm^2、6830.91hm^2，从等级图(图 11-2)也可以看出 2003、2004 年等级Ⅱ所占面积较小；2005 年该生物量等级大幅度增加，为 94738.59hm^2，增长幅度是 04 年的 10 余倍。造成 2005 年该类面积大幅度增加的原因主要是由于 2005 年的大旱和植物生长季节的持续高温，2005 年降水是 2001 年以来最低的一年，为 194.7mm，比多年平均降水低 100mm。

生物量等级Ⅲ(2000～3000kg·hm^{-2})的区域是研究区植被中等偏低的区域，2002～2004 年该类面积变化幅度不大，分别为 99105.75hm^2、61398.81hm^2、115891.56hm^2，均未成为研究区的主要生物量等级类型，而 2005 年增加到 306502.65hm^2，成为本年度最主要的生物量等级类型，在各等级中面积最大，即 2005 年研究区植被整体状况较差。

等级Ⅳ(3000～5000kg·hm^{-2})为植被生长状况中等的区域，是盐池县正常年植物生长季节最主要的植被生物量等级类型。该等级类型 2002～2004 年均是研究区面积最大的类型。2005 年该等级类型面积降至 245662.11hm^2，比 2004 年降低一倍以上(2004 年为 511966.80hm^2)；等级Ⅴ、Ⅵ为研究区植被生长状况较好，覆盖度较高的区域，该类型 2002 年和 2003 年分布较大，主要分布在南部地区，北部主要是分布在一些沼泽湿地、盐碱滩等水域周边，2002 年两个等级面积共计 86621.4hm^2，2003 年为 129383.01hm^2；2004 年、2005 年分布相对较少，主要分布在以湿地为中心的周边生境内，2004 年两等级面积合计 38928.6hm^2，2005 年为 25247.79hm^2，是 4 年来最低的一年。

表 11-3　研究区 2002～2005 年不同生物量等级面积表单位 hm^2

Tab. 11-3　Areas of different biomass gradations during 2002～2005 unit：hm^2

	Ⅰ	Ⅱ	Ⅲ	Ⅳ	Ⅴ	Ⅵ	合计
2002 年	2721.24	21157.83	99105.75	465111.72	54332.28	32289.12	674717.94
2003 年	1403.28	4859.19	61398.81	477572.04	75967.83	53415.18	674616.33
2004 年	842.13	6830.91	115891.56	511966.80	23759.73	15168.87	674460.00
2005 年	2481.93	94738.59	306502.65	245662.11	14911.47	10336.32	674633.07

注：表中 4 年的合计面积(盐池县总面积)由于计算机统计误差造成不等，但是误差较小，均未超过 0.5%，不影响结果分析。

将Ⅳ、Ⅴ、Ⅵ三个生物量等级(植被生长状况较好的区域)之和作为区域植被生长状况的评价指标，则 2002～2005 年盐池县草地植被生长状况最好的是 2003 年，Ⅳ、Ⅴ、Ⅵ三个生物量等级之和为 606955.1hm^2，2002 年和 2004 年分别为 551733.12hm^2 和 550895.4hm^2，最低的是 2005 年为 270909.9hm^2。以植物生长状况最好的 2003 年Ⅳ、

Ⅴ、Ⅵ三个生物量等级之和 606955.1hm^2 为 1，则 2002 年为 0.909、2004 年为 0.908、2005 年为 0.446(图 11-3)

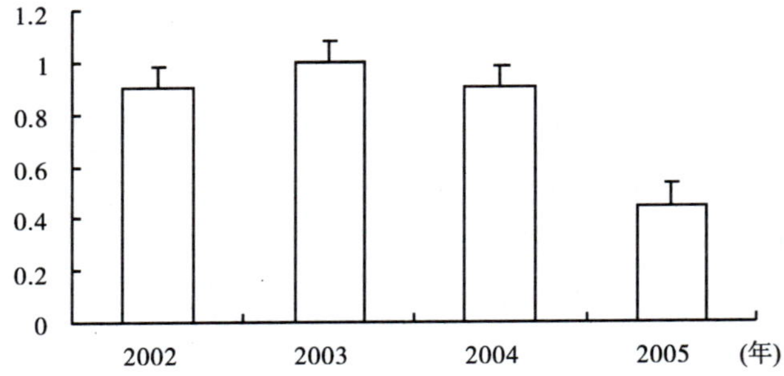

图 11-3　研究区 2002～2005 年植被生长状况图

Fig. 11-3　Plant growing status in study area, 2002～2005

第四节　草地植被波动的主要影响因子探讨

一、数据来源

遥感数据采用 2002 年 2～12 月、2003 年 2～12 月、2004 年 2～12 月、2005 年 2～8 月 MODIS 遥感影像图；相应 2002 年 2～12 月、2003 年 2～12 月、2004 年 2～12 月、2005 年 2～8 月的月平均气温、月平均降水、月极端高温、月极端低温、月均风速等气象资料。MODIS 影遥感像数据来源于 http：//glcf. umiacs. umd. edu/index. shtml；气象数据来源于盐池气象站。

二、遥感数据及气象数据处理

遥感数据处理及 MODIS－NDVI 的处理方法同前。在生成的 NDVI 灰度图上统计月平均 NDVI 值，同时统计气象资料，并对 NDVI 月均值和气象数据进行秩相关分析。2002～2005 年月 NDVI 均值和月气象资料见统计表 11-4。遥感数据处理采用 ERDAS IMAGING 8.7，秩相关分析采用 SPSS 13.0 进行。

三、影响植被波动的主要因子

从第八章分析已知，研究区植被状况最好的是 2003 年，其次是 2002 年和 2004 年，植被最差的是 2005 年，分析植被动态变化的主要因子有降水、气温等气象因子及人为因子。

(一)气象因子

研究区 2002～2004 年 2～12 月，2005 年 2～8 月 40 个月的平均 NDVI 值(Mean values)和对应 40 个月的气象统计数据秩相关分析结果见表 11-5。从表可知，对于北方农牧交错带草地植被而言，最主要的影响因子是降水和气温。NDVI 和月平均降水量的秩相关系数为 0.804，呈极显著正相关(显著水平为 0.01，下同)，和月平均气温也具有较高的相关性，其秩相关系数为 0.772；植被指数和极端高温及极端低温均呈极显著正相关，秩相关系数分别为 0.741 和 0.826。相关分析还表明，植被指数 NDVI 和月平均风速间无明显相关关系。上述分析表明，对于北方农牧交错带草地而言，其波动受降水、气温、极端高温、极端低温等气象因子的影响。

表 11-4　研究区 NDVI 月均值及气象资料统计表

Tab. 11-4　Statistic table of climatological data and month mean value of NDVI in study area

年 - 月	NDVI 月均值	月降水(mm)	月均温(℃)	极端最高温(℃)	极端最低温(℃)	平均风速(m/s)
2002 - 02	0.106	2.3	-0.1	13.9	-12	2.5
2002 - 03	0.112	2.6	5.4	23.5	-7.7	3
2002 - 04	0.125	27.3	10.7	28.9	-4	3.1
2002 - 05	0.179	60.9	16.4	32	4.5	2.7
2002 - 06	0.262	111.9	23	34.2	11.9	3
2002 - 07	0.304	56.9	22.3	36.5	14.1	2.6
2002 - 08	0.297	32.1	21.9	36.3	12.5	1.9
2002 - 09	0.214	91.3	15.3	34.2	3.5	2.1
2002 - 10	0.158	5.2	9.2	26.5	-4.1	2.5
2002 - 11	0.148	0.1	2	15.6	-10.1	2.7
2002 - 12	0.143	5.5	-6.9	12.2	-26.6	2.2
2003 - 02	0.146	0.1	-2.3	15.6	-18.7	2.8
2003 - 03	0.134	5.9	3.1	27.3	-11.8	3.3
2003 - 04	0.142	18.4	10	28.3	-3.3	3.9
2003 - 05	0.18	47.6	16.2	29.3	1	3.4
2003 - 06	0.228	66.5	20.6	33.8	5.4	3.1
2003 - 07	0.292	42.5	22.2	34.2	11.1	3.2
2003 - 08	0.313	60.4	20.5	32.7	4.9	2.9
2003 - 09	0.221	27.4	16.5	32.2	2.4	2.7
2003 - 10	0.173	23.5	7.7	21.4	-7.5	2.7
2003 - 11	0.151	7.5	-0.5	21.9	-19.5	2.8
2003 - 12	0.141	0	-8.5	8.1	-22	2.2
2004 - 02	0.135	0	-4.5	17.1	-23.9	2.6
2004 - 03	0.129	0.8	3.2	25.9	-19.3	3
2004 - 04	0.136	1.1	12.8	31.6	-10.4	3.1
2004 - 05	0.185	26.9	16.2	31.5	-1.9	3.5
2004 - 06	0.206	72	19.7	33.9	7	2.6
2004 - 07	0.248	52.6	21.9	34.4	11	2.4
2004 - 08	0.282	65.4	20.1	32.8	7.9	2.1
2004 - 09	0.209	47.7	15.4	29.5	1.1	2.2
2004 - 10	0.155	13.4	6.8	23.5	-10.3	1.8
2004 - 11	0.138	0.5	-1	20.2	-19.5	2.3
2004 - 12	0.139	1.5	-4.8	3.7	-26.7	2.6
2005 - 02	0.125	2.4	-6.7	12	-26.2	2.3
2005 - 03	0.121	0.7	1	18.6	-21.9	2
2005 - 04	0.119	0	11.2	30.8	-9.1	2.4
2005 - 05	0.15	28.6	16.6	30.1	-1.5	2.8
2005 - 06	0.168	15.9	22.9	36.5	7	2.5
2005 - 07	0.207	46.9	23.5	36.8	11.1	2.3
2005 - 08	0.238	47.1	20.3	32.6	8.8	2.6

表 11-5　盐池月均 NDVI 和气象因子的 Spearman's 相关分析表

Tab. 11-5　Spearman's correlation analysis between mouth mean NDVI and meteorological factors

气象因子	月均降水	月均温	极端高温	极端低温	月均风速
相关系数	0.804**	0.772**	0.741**	0.826**	-0.038

** Correlation is significant at the 0.01 level (2-tailed).

气象因子是影响农牧交错带草地植被波动最主要的因子。我国北方农牧交错带降水量在 250～400mm 之间，属于半干旱区，生态环境较为脆弱，尤其是草地生态系统受降水、气温等气象因子影响较大。研究区 2002～2005 年降水量见表 11-6，从表可以看出，2002 年是研究区近年明显的丰水年，年降水量达 399.8mm，高出多年平均降水量 100 多 mm，其植物生长季节降水为 264.7mm，几乎和多年年均降水持平；2003 年和 2004 年降水量和多年平均降水基本持平，为 302.1 和 282.2，但植物生长季节降水占全年降水比例较高，分别为 71% 和 77%；2005 年降水量 194.7mm，是近年来最低的一年，植物生长季节的降水量仅占全年的 54%。分析植被波动首要考虑的影响因子就是降水，2002 年是典型的丰水年，但由 8.3 节分析知，植被生长状况却较 2003 年稍差，其原因除植物生长季节降水差异外，降水的滞后效应也是一个重要因素（杨元合，2006）。2002 年前期降水（2000～2001 年）较低，仅为 229.2mm，影响了 2002 年植被生长；2003 年降水稍高于多年平均降水，但其前期降水（2002 年）较高，使得植被在 2002 年基础上继续得到恢复，植被生长状况是近年来最好的一年；2004 年降水稍低于多年平均，在前期降水也基本和多年平均降水持平的情况下植被未能在 2003 年的基础上继续呈上升趋势；2005 年降水是至 2002 年以来最低的一年，而前期降水也基本和多年平均持平，此外植物生长季节的降水仅占全年降水的 56%，植被状况迅速下降为 4 年来最差的一年，是近年来植被波动最大的一年。

表 11-6　研究区 2002～2005 年植物生长季节降水　单位：mm

Tab. 11-6　Precipitation in growing season in study area, 2002～2005　Unit: mm

	5 月	6 月	7 月	8 月	合计	年降水量	占年降水比例
2002 年	62.9	111.9	56.9	33	264.7	399.8	66%
2003 年	49.6	68.5	38.4	58.9	215.4	302.1	71%
2004 年	26.9	72	52.6	65.4	216.9	282.2	77%
2005 年	28.6	15.9	46.9	47.1	109.9	194.7	56%

温度和北方农牧交错带半荒漠草地植被生长状况间存在相关关系（辜智慧，2005）。由上述秩相关分析也可看出，气温和植被波动间存在较高的相关性（表 11-5）。此外，从研究区 2002～2005 年植被状况波动及植物生长季节气温统计数据来看，植被波动与温度间也存在一定关系，但这种关系不及降水明显。2005 年 5～8 月气温高于 2003 年和 2004 年（表 11-7），植被状况明显比 2003 及 2004 年差。

表11-7 研究区2002～2005年植物生长季节气温表(℃)

Tab. 11-7 Temperature in plant growing season in study area, 2002～2005 Unit: ℃

	5月	6月	7月	8月	平均
2002年	16.4	23	22.3	21.9	20.9
2003年	16.2	20.6	22.2	20.5	19.875
2004年	16.2	19.7	21.9	20.1	19.475
2005年	16.6	22.9	23.5	20.3	20.825

(二)人为因子

人为因素是影响植被动态的另一重要因子。分析植被波动的人为因子应分为有利因素和不利因素。有利因素主要包括各种措施如封育、退耕还草、撂荒等，以及政策、法律法规及相关管理措施；不利因素主要包括放牧、滥垦、滥樵等。2001～2005年，盐池县全县退耕还林面积累计达到112667hm^2，133333hm^{2}沙化土地得到治理，33300hm^{2}流动沙丘基本固定，80000hm^{2}退化草原植被得到有效恢复(资料来源：盐池县林业局)。此外，自2000年以来，随着国家对荒漠化防治及退化草地植被恢复的重视，盐池县自2002年，在全县范围内全面禁牧。这些积极的人为因子使得研究区在降水正常年份退化植被可得到自然恢复，在降水较少年份由于各种积极的保护及恢复措施而使得植被退化程度得到有效控制。2005年降水达到了近年来的新低，从实地调查知，2005年虽因降水减少使得大面积一年生草本植物苦死，植被生物量、盖度等受到影响，但因封育、退耕还(林)草等措施使得放牧等不利因素的影响得到遏制，地表形成结皮，土地荒漠化得到控制，一些旱生、超旱生植物如老瓜头、黑沙蒿、苦豆子等多年生植物生长状况较好，植被退化程度降低。此外由于人工措施的积极影响，土壤质地得到改善，一旦降水达到正常年份，植被将得到迅速恢复。目前，研究区虽实施了全县禁牧，但是偷牧、滥垦、滥樵等现象未能全面杜绝，这些是影响植被波动的不利因子。

第五节 小结及讨论

一、小结

(1)采用线性回归法对研究区归一化植被指数NDVI和生物量进行回归分析，并建立研究区植被生物量反演模型，即：

$$Y = 887841NDVI^3 - 710288NDVI^2 + 198232NDVI - 15935 (R = 0.809)$$

(2)基于反演模型，研究区2002～2005年草地植被生长状况最好的是2003年，其次是2002年和2004年，植被最差的是2005年。以植物生长状况最好的2003年Ⅳ、Ⅴ、Ⅵ三个生物量等级面积之和606955.1hm^{2}为标准1，则2002年为0.909、2004年为0.903、2005年为0.446。

(3)月平均NDVI值和月平降水量、月均气温、极端高温、极端低温等气象因子的秩相关分析结果表明，北方农牧交错带草地植被波动最主要的影响因子是降水，气温对植被波动也有影响，但不及降水明显。其它气象因子如风速等和植被波动无明显关系；年度及植物生长季节气象资料分析结果也表明降水和气温和盐池草地植被波动呈相关关系。此外，植被生长状况和降水之间存在一定的滞后效应。2003 年研究区降水量是正常年，而其植被生长状况由于前期降水(2002 年)是近年来典型的丰水年，使该年度植被生长状况是近年来最好的一年，这也验证了降水滞后效应这一普遍规律；植被波动的人为因子分为有利因子和不利因子，有利因子包括退耕还林(草)、封育、撂荒等植被恢复措施以及相关的荒漠化防治政策法规。不利因子主要包括偷牧、滥垦、滥樵等。

二、讨论

基于 MODIS - NDVI，结合 56 块样地植被生物量实测资料进行统计回归分析，建立草地植被动态遥感监测模型，并用于盐池县 2002 ~ 2005 年植物生长季节的植被动态研究。对于植被遥感监测模型的拟合精度、可行性问题已有相关文献进行了专门的探讨(徐全芝，2003；Chen，2001；牛志春，2003)，均认为对于宏观植被动态监测而言，基于遥感植被指数和地面实测资料相结合的遥感反演模型是可行的，但精度等需要进一步提高，适用范围也需要进一步验证。此外本文基于遥感反演模型对盐池县植被动态趋势研究结果和基于地表植被定位监测动态趋势研究结果基本一致。

植被状况是荒漠化地区重要的监测指标，对于旱、半干旱地区草地植被而言，植被动态基本反映了荒漠化动态。但植被状况只是荒漠化状况的一个重要体现，并不完全等于荒漠化状况，荒漠化状况还应包括土壤水分、土壤质地、土壤有机质、土地风蚀状况、地表结皮状况等。用表征植被生长状况的植被指数来研究土地荒漠化动态变化(李宝林，2002；弋良朋，2005)，尽管可以反映荒漠化动态的宏观趋势，但并不能全面反应荒漠化动态。研究表明，2005 年研究区由于降水等原因植被状况较差，但是从实地监测结果知，2005 年研究区由于地表结皮，土壤质地改良等原因，在 2004 年的基础上荒漠化恶化程度没有植被退化明显。故仅用植被指数来监测荒漠化动态较为片面，还应结合其它遥感处理方法及实地监测资料进行荒漠化动态监测。

植被动态和气象因子之间存在滞后效应。Braswell 等在全球尺度上的研究显示，植被指数与温度之间存在滞后(Braswell，1997)。Fang 等在生物群区尺度上发现，中国植被对温度升高的响应存在滞后(Fang，2004)。另外，Wang 等在美国中部大平原 NDVI 与气候之间关系研究中发现，植被指数与降水之间存在滞后(Wang，2003)。本章研究结果同样支持植被动态对气候变化的响应存在滞后效应的结论。

第十二章　植被动态与荒漠化研究展望

一、"3S"技术在植被动态学研究中的应用

3S技术，尤其是遥感技术的发展使得植被生态学的研究方法得以更新，研究尺度得以扩展。3S技术是未来植被动态研究不可或缺的技术手段，具有无限的发展前景。运用遥感数据获取不同时期的植被信息，在宏观尺度下确定植被的类型、分布格局及植被类型间的演替，并将宏观尺度下获取的植被动态信息与野外调查获取的微观尺度上的植被信息有机结合，实现不同尺度植被信息的转换，这是未来植被动态学研究重点需要解决的问题。当前，国外运用遥感技术和地理信息系统进行植被动态的研究成果颇多，主要集中在利用RS和GIS研究植被的动态过程（Boyd，1997；Zhikang，1998；Nicholas，2000）。草地植被，尤其北方农牧交错带草地植被受气候变化影响较大，即植被随气候波动较大。随着遥感技术的发展，势必使草地植被波动的数量测度带来新的方法。

二、北方农牧交错带草地植被动态与生物多样性

生态交错带与生物多样性的关系引起生态学家的关注，主要是由于边缘效应（傅伯杰，2001），不同尺度、不同类型的生态交错带均显示出较高的生物多样性（王庆锁，1997）。在生物及其非生物力作用下，生态交错带的生境条件趋于异质性和复杂化，其物种组成、结构、功能和物质、能量等生态过程明显与周边生境不同。就生物多样性而言，生态交错带不仅含有相邻2个生态系统中生长的物种，还包括只生长在交错带内部的物种，因此交错带的物种数目及密度一般比相邻生境高，从而使交错带具有比较高的生物多样性。在中国北方农牧交错带，人类过度的利用自然，将异质的自然景观变成大范围同质的人工景观（如农田等），使自然生态交错带减少，扩展了人为生态交错带，引起原有植被强烈的变化，改变了原来的优势物种及自然的景观格局和生态过程，致使该区生物多样性和生产力急剧下降（左小安，2005）。每一个植物群落都是处于其变化发展过程中的一个瞬间或阶段，群落的现有结构及生物多样性特征，也都是群落动态中某一阶段的具体体现。人类对植被的利用与改造，很大程度上是在了解植被动态规律的基础上进行的。植被健康与生态的持续发展是保护生物多样性的关键，也是社会、经济、生态持续稳定协调发展的基础与核心（傅伯杰，2001）。对北方农牧交错带而言，植被退化首先表现在生物多样性的丧失，生物多样性的保护是未来区域生存所面临的严峻挑战之一，生物多样性的动态观测、研究及保护是未来植被动态学研究的重要内容。

三、北方农牧交错带草地植被动态与荒漠化

对北方农牧交错带而言，植被生长状况从一定程度上反映了区域荒漠化状况，因此植被动态和荒漠化变化较为密切，但并不是简单的线性关系。荒漠化状况还应包括土壤水分、土壤质地、土壤有机质、土地风蚀状况、地表结皮状况、地表裸露率等。一些研究者仅用表征植被生长状况的植被指数来研究土地荒漠化动态变化（李宝林，2002；弋良朋，2005），尽管可以反映荒漠化动态的宏观趋势，但并不能全面体现荒漠化动态。植被动态对区域荒漠化的影响以及荒漠化动态与植被动态间的相互关系是未来北方农牧交错带植被动态及荒漠化防治研究的重点和难点，这主要因为植被生长状况对荒漠化程度的贡献率确定本身就存在一定难度且没有统一标准。

四、植被动态学研究中的尺度与尺度转换

尺度（scale）是自然过程抑或观测研究在空间、时间抑或时空域上的特征量度（李双成等，2005）。尺度转换（scaling）是指跨越不同尺度的辨识、推断、预测或推绎（吕一河，2001）。尺度转换从形式上可区分为自下而上的尺度转换（scaling-up）、自上而下的尺度转换（scaling-down）和相同尺度的转换（scaling-qual），其转换的目的是为了拓展或放大特定区域研究客体的某种功能（郝仕龙，2004）。目前，尺度转换问题是生态学、地理科学等研究中的热点问题，也是一个难点问题，缺乏一个统一的转换标准，其转换的可行性问题，精度问题等都有待进一步研究。

本研究涉及3个尺度上的研究，即种群、群落和景观3个尺度，前2个尺度是较小的甚至微观的尺度，而景观尺度是个大尺度上的研究，从宏观上研究植被的动态特征，和种群、群落上的研究得出大体一致的结论。这表明，在植被动态学研究中，不同尺度的有机结合有利于研究结论的相呼应。本研究并未对3个尺度进行转换，其主要原因一方面本文对3个尺度都进行了研究，得出较一致的研究结论，没有必要进行尺度转换；另一方面，同上所述，尺度转换涉及很多问题，转换存在一定困难。但并不是不能开展此项工作，如可以构建一个适合于3个尺度上的植被动态模型，只要获取任何一种尺度上的数据均可进行植被动态的测度。此项工作可在未来的研究工作中完成。

五、北方农牧交错带草地植被动态与全球环境变化

随着人类活动对自然环境的影响日趋加剧，全球变化问题日益受到重视。目前，人们开始认识到地球是一个具有反馈机制的复杂系统。植被是气候、地貌、土壤和人类活动长期相互作用的结果，其分布、组成、发生和发展总是与生境条件，特别是气候条件密切相关。植被对全球变化的响应主要表现在植被对气候的适应及其对气候的反馈作用。植被类型表现了植物界对于主要气候类型的适应，而每个气候类型或分区都有相应的植被类型与之对应。同时，植被通过与大气间的物质和能量交换来影响气候的变化。这种改变了的气候又通过大气与植被间的物质和能量交换作用对植被的发展产生影响，最终可能导致植被类型发生再次变化（左小安，2005）。人类对陆地生态系统的高强度、大范围的持续干扰，使受其土地利用活动影响的地表覆盖发生改变。这种改变对生态系统的结构和功能产生的影响比任何其它的全球变化内容都要强烈而

深远。因而，植被动态变化与其它景观组分类型间的相关信息就包含在这种不同土地利用类型彼此消长的变化过程中(江子瀛，2001)。对北方农牧交错带而言，由于其所处的地理位置较为特殊，生态系统较为脆弱，植被随气候变化波动较大，如何使植被在全球变化的影响下保持结构完整、生态功能稳定是防止该区生态环境进一步恶化、维护生态平衡的关键所在，也是未来研究的重点。

六、草地植被波动理论

当前，国内关于北方农牧交错带草地植被波动理论方面的研究开展得较少，而关于南方森林群落植被波动的研究较多，研究方法多采用空间代替时间法(朱守谦，1937；彭少麟，1994；喻理飞，2002；王德炉，2003)，而采用定点观测资料进行植被动态研究的较少(安树青，1997；张克斌，2004)。长期定点观测研究由于经费、人力等困难，目前在植被动态方面研究中使用较少，而空间代替空间法进行植被动态研究本身就存在不可克服的问题，如演替阶段人为划分的准确性问题等。因此，长期定点监测是一种不可或缺的植被动态学研究方法，尤其北方农牧交错带。本研究在总结前人研究的基础上提出了草地植被波动率的概念并在生态学、统计学意义上构建了草地植被波动定量测度公式，对草地植被波动研究起到一定的积极意义，但就草地植被波动理论及定量测度公式的改进以及权重系数的确定方法等都是未来研究的重点。

附录1 发表文章

Front. For. China
Verso: Kebin ZHANG, et al.
Recto: Plant community spatial distribution pattern of wetland ecosystem in a semi-arid region
Kebin ZHANG, Rui LI, Yunfang LIU, Baitian WANG, Xiaohui YANG, Ruiping HOU

Spatial pattern of a Plant community in a wetland ecosystem in a semi-arid region in northwest China

Abstract: The spatial distribution characteristics of plant communities in a wetland-dry grassland ecosystem in arid and semi-arid regions in northwestern China and the main factors affecting the distribution pattern were studied. The Siertan Wetland in the Haba Lake Nature Reserve was the study area. Four transect lines, each about 1 km long, were set up in the growing season along the biotope gradient in four directions: east, northeast, west and northwest. Attributes measured include frequency of occurrence, height, density, coverage, biomass, and soil environmental factors. The data were analyzed using two-way indicative species analysis (TWINSPAN), detrended correspondence analysis (DCA) and Spearman correlation coefficients. On this basis, the vegetation in Siertan Wetland was classified into three types and 14 associations. The first vegetation type was halophytic marsh vegetation, mainly distributed in the wetland zone. This type largely contains halophyte and hygric plants and its representative Association is *Phragmites communis* + *Kalidium foliatum*. The second type was meadow vegetation, distributed in the ecotone. The meadow vegetation species are mainly mesophytic and their representative association is *Nitraria tangutorum* + *Pennisetum flaccidum*. The third vegetation type was grassland vegetation, which mainly consisted of mesophytic and xerophytes, distributed in arid grassland zone. The representative association of the third vegetation type is the Association of *Anaeurolepidium secalium* + *Saussurea runcinata*. Correlation analysis between the axes of DCA and the soil environment factors shows that the soil moisture content, organic matter, soil salt content, and total nitrogen are the main environmental factors affecting the pattern of vegetation distribution along the biotope gradient from wetland to arid grassland. Other factors affecting the vegetation are microtopography and grazing pressure. Additionally, we have reported modifications and improvements to the importance value methodology.

Keywords plant community, spatial distribution, TWINSPAN quantitative classification, DCA ordination, environmental interpretation

1 Introduction

Wetland is the integrated body formed by the interaction between water and land. It is one of the important survival ecosystems with a rich biodiversity landscape for mankind (Chen, 1995) and is also called "kidney of the earth" (Mitsch and Gosselink, 1986). Wetland vegetation is one of the components of wetland ecosystems and is one of the key attributes of the wetland. The structure, function and ecological characteristics of wetland vegetation can present basic wetland environmental and functional characteristics (Chen, 1995). Wetland studies started in Russia, and many researches have been carried out since the 1950s by European and American researchers (Johson and Gage, 1997; Obeysera and Rutchey, 1997; Toner and Keddy, 1997; Jay and Suzanne, 1999; Flower et al., 2001). Studies have been also carried out in China in the past decades, but less attention has been paid to arid and semi-arid regions, especially on wetland community ecology. He (2003) has taken one wetland station belonging to the Chinese Academy of Science (CAS) and carried out research on the Sangjiangyuan Wetland, in northeastern China. Systemic research has been carried out on community ecological process of wetland plant. It provides theory supporting wetland community protection. Yu (1994) has carried out 10 years of field observation and station monitoring in northeast China wetland on hydrophyte community dynamics and succession. The zone distribution rule in longitude and latitude has also been also investigated. Li et al. (2003) studied cold wetland vegetation in the Qilan Mountain and showed that it degraded from swamp wetlands to meadow wetlands because of increases in temperature, declining rainfall as well as anthropogenic factors. Tian (2005) studied high plateau wetlands in the Ruo-Er-Gai region and showed that as water decreased, plant community succession followed the path of hydrophyte vegetation → swamp vegetation → swamp meadow vegetation → meadow vegetation. Wu et al. (2005) adopted TWINSPAN classification and DCA order methods on vegetation community research in the Hutuohe River wetland and qualitative studies had been carried out on factors affecting wetland vegetation spatial distribution.

Wetlands in the arid and semi-arid regions of China are a rare sight. They also play an important role in maintaining ecosystem equilibrium in given regions (Li et al., 2006 [JS1]). Therefore, they are very important in arid and semi-arid wetland vegetation studies. We have investigated the Siertan Wetland in the Haba Lake Nature Reserve as our study area using two-way indicative species analysis (TWINSPAN) classification and detrended correspondence analysis (DCA) order methods to study vegetation attributes of spatial distribution pattern. At same time, the impact of soil condition on the spatial vegetation distribution pattern was also studied. This work aims to provide basic data and methods for arid and semi-arid wetland studies and theoretical support for wetland protection and the re-establishment of Haba Lake Nature Reserve.

2 Study site

Yanchi County (37°04′ – 38°10′N, 106°30′ – 107°41′E) is situated east of the Ningxia Hui Autonomous Region and has an area of 6700 km^2. The landform is a denudate peneplain, which is high in the south, low in the north, and has an altitude of 1295 – 1951 m. The physiognomy falls clearly into two landforms units: the Loess bearing hills in the south and the gentle Ordos bearing hills in the north. It has a typical continental climate in the intermediate temperate zone, with an average annual temperature of 8.1°C. The annual frost-free period is 165 days, while annual precipitation is 250 – 350 mm. Precipitation decreases from south to north and from southeast to northwest. Most agrotypes are sierozem, calcic kastanozems and aeolian sandy soils, with a few solonchak and planosol soils. Vegetation types include shrubs, grassland, meadows and semi-desert vegetation, of which shrubs, grassland and semi-desert vegetation take up a high percentage with large distributions. Grasslands are categorized into arid grassland and desert steppe. The plant communities are xeromorphy and middle xeromorphy.

The Haba Lake National Nature Reserve was established to protect wetlands as its main objective. It is located within Yanchi County. The Siertan wetland is one of the largest wetlands in Haba Lake Nature Reserve, located 8 km south Yanchi County downtown. As a marsh with striking seasonal accumulated water, the water surface area of the wetland is largely affected by precipitation. Due to serious salinization, damp tolerant plants and saline-alkali tolerant plants such as *Phragmites communis*, *Kalidium foliatum*, and *Nitraria tangutorum are* distributed in the area, mainly along the border. As for the grassland ecosystem, because of poor water conditions, common species are xerophytes and meso-xerophytes such as *Sphaerophysa salsula* and *Sophora alopecuroides*. Since the ecotone has better soil water conditions, plant species including *Glaux maritima and Diarthron linifolium* found in the study area, are richer. The whole study area is divided into the wetland zone, ecotone and arid grassland zone according to habitat characteristics and vegetation types, which are referred to as ‘the three zones’ for short (Fig. 1).

3 Study methods

3.1 Field investigation

Combined with the National Natural Science Foundation of China (30771764) and the National Desertification Position Monitoring Project of China, the research selected the Siertan wetland-arid grassland ecosystem of Haba Lake Natural Reserve of Yanchi County as a position monitoring site. Field investigation was carried out in the growing season from July to August over a number of years. In 2005, field work was done in late July and early August. The items investigated were species names, the number of plants of each species, coverage, height and biomass. A line-transect method was used. With the wetland as the center, four transect lines were set radially towards the west, the northwest, the east and the northeast (Fig. 1). Each line was more than 1 km long and covered the representative saline (the wetland zone), the

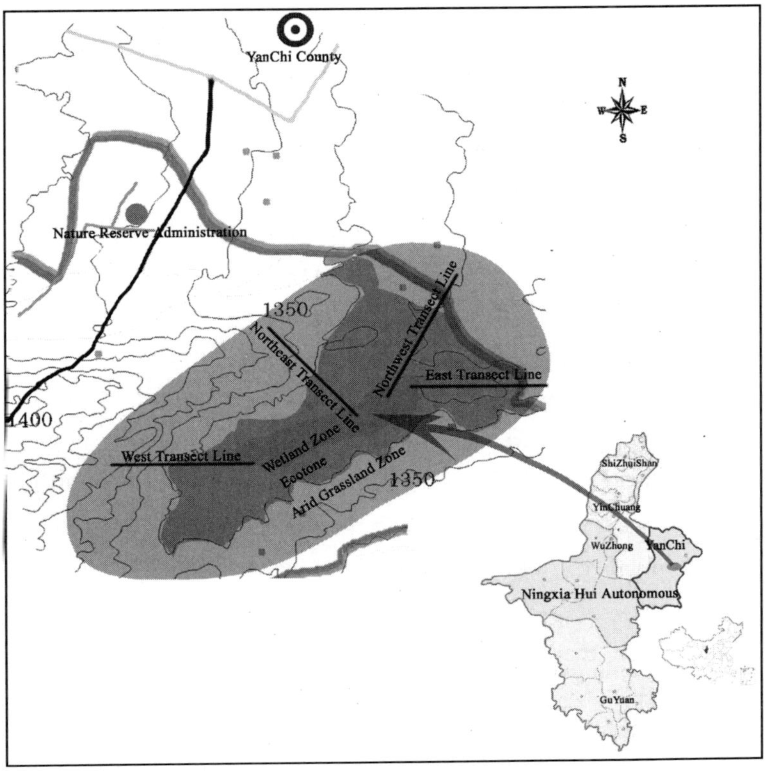

Fig. 1 Sketch of research area site and pattern of transect lines

entire ecotone and the representative arid grassland zone. Quadrates of 1m × 1m were used in our study. A total of 123 quadrates were investigated, of which 33 were in the east line, and 30 each in the northeast, the west and the northwest line. Most of the plants are annual herbage.

During our investigation of the plant community, soil samples were collected from every second quadrate at 0 to 30cm depth. In total, 65 soil samples were collected along the four lines. Soil test items include total N, effective P, effective K, organic matter as well as the rate of conductance.

Because of the impact of human factors such as farmland, residential sites and grazing, vegetation in these areas were not representative. For example, the grassland zone was developed as farmland, with farmland grass growing in this area. The lower terrain with better water conditions in the southern part of the wetland also led to the growth of *Kalidium foliatum*. Therefore, field investigations were not carried out in the south and southwest directions.

3.2 Data analyses

3.2.1 Vegetation importance value

Most scientists use a relative coverage ratio and relative density in calculating grassland importance value but fresh biomass was seldom used. The method of weighting at field has less error and can be easily standardized among groups. Therefore, relative biomass was used in calculation. For integrated consideration of biological and ecological characteristics of plant species with research site features, the following five characteristic values were used in calculating plant importance values:

$$\text{Relative abundance } (R_A) = (A_i/A) \times 100 \quad (1)$$

where Ai is abundance of a given plant i and A is abundance of all plants.

$$\text{Relative height } (R_H) = (H_i/H) \times 100 \quad (2)$$

where Hi is mean height of a given plant i and R means height of all plants.

$$\text{Relative coverage } (R_C) = (C_i/C) \times 100 \quad (3)$$

where Ci is coverage of a given plant i and C is coverage of all plants.

$$\text{Relative biomass } (R_B) = (B_i/B) \times 100 \quad (4)$$

where Bi is biomass of a given plant i and B refers to the biomass of all plants.

$$\text{Relative frequency } (R_F) = (F_i/F) \times 100 \quad (5)$$

where Fi is frequency of a given plant i and F is the sum of frequency of all plants.

$$\text{Frequency } (F) = (N_i/N) \times 100 \quad (6)$$

where Ni is quadrate number in which a given plant appeared and N is the sum of frequency of all plants.

$$\text{Importancevalue} = \frac{R_A + R_C + R_F + R_H + R_B}{5} \quad (7)$$

3.2.2 Classification and ordering

Two-way indicator species analysis (TWINSPAN) method was adopted to classify a plant community by using importance values from 42 plant species and 123 quadrates to establish a matrix 41 × 123. The TWINSPAN classification method is widely used worldwide in plant ecology; it can also classify sample sites and species, Details are Provided by Zhang, 1995. Detrended correspondence analysis (DCA) method was adopted for ordination, also used worldwide. All calculations were implemented using WinTWINS software and DCA in CANOCO software package.

4 Results and analysis

4.1 Plant community classification of a wetland-grassland ecosystem

The TWINSPAN classification results are shown in Fig. 2. The number on the left side is the plant number (Table 1), at the top is the quadrate number, at the bottom the grouped result of quadrates and on the right are classified results of plants. In the center is the classification level, where " - " stands for the plant existing in the quadrate, "1" is one time classified result, and "0" is another group.

By using four-grade-classification, vegetation in the Siertan Wetland can be divided into 14 community types, which is equal to classification in the associations level. A three-class classification systems, i.e., vegetation type (top level classification unit), vegetation group (middle level classification unit) and associations (the basic classification unit) were used in "Chinese Vegetation" (Wu, 1980). Based on field investigation data, the Siertan wetland-arid

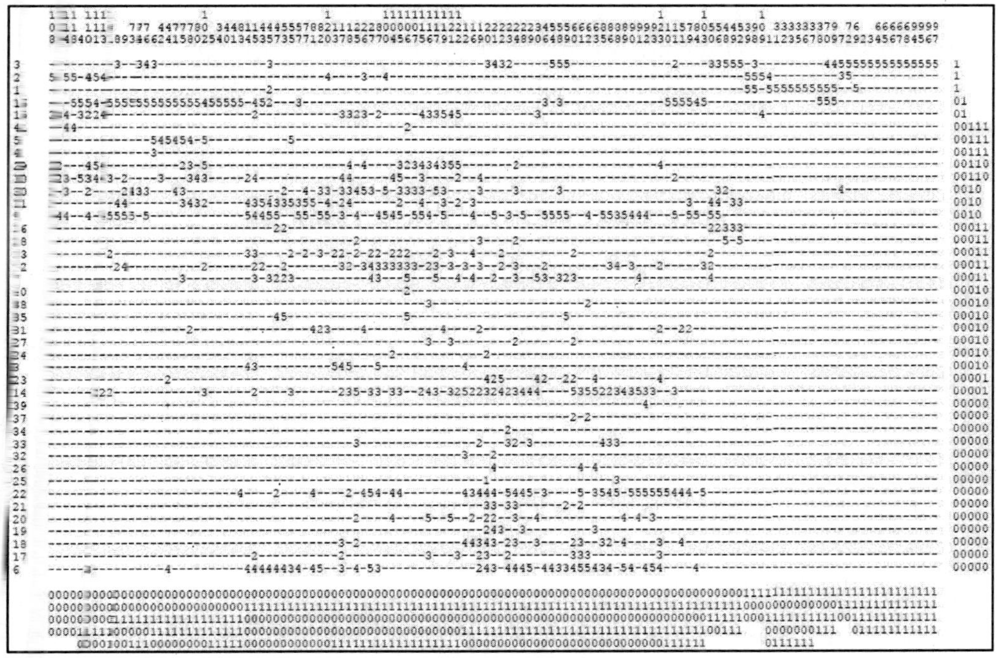

Fig. 2 Quantitative classification matrix in the Siertan wetland-arid grassland ecosystem

Table 1 Serial numbers of plants on the Siertan wetland-arid grassland ecosystem

serial number	plant name	serial number	plant name
1	*Kalidium foliatum*	22	*Pennisetum flaccidum* Griseb
2	*Suaeda salsa* (L.) Pall	23	*Peganum harmala* Linn
3	*Phragmites communis*	24	*Ixeris chinensis*
4	*Limonium anreum*	25	*Chinops gmelini* Turcz.
5	*Achnatherum splendens*	26	*Astragalus melilotoides*
6	*Sophora alopecuroides*	27	*Setaria viridis*
7	*Thermopsis shischkinii Czefr*	28	*Glaux maritima*
8	*Sphaerophysa salsula*	29	*Haplophyllum dauricum*
9	*Anaeurolepidium secalium*	30	*polgonum sibiricum*
10	*Chenopodium glaucum*	31	*Artemisia hedinii*
11	*Saussurea runcinata*	32	*Oxytropis pasmmocharis*
12	*Sonchus brachyoutus* DC.	33	*Cynanchum komarovii*
13	*Saussurea amara*	34	*Polygala tenuiplia*
14	*Salsola sinkiangensis* A. J. Li	35	*Agropyrom mongolicum* Keng
15	*Bassia dasyphylla* O. Kuntze	36	*Taraxacum mongolicum*
16	*Nitraria tangutorum*	37	*Incarvillea sinens*
17	*Artemisia ordosica* Thunb	38	*Eragrostis poaeoides* Beauv
18	*Heteropappus altaicus*	39	*Olgaea Leucophylla* (Turcz.) Iljin
19	*Lespedeza davurica*	40	*Ajania parvi flora* (Grii.) Ling.
20	*Corispermum mongolicum* Iljin	41	*Diarthron linifolium*
21	*Euphorbia esula* L		

grassland ecosystem can be divided into three vegetation types: swamp vegetation, meadow vegetation and grassland vegetation. Because of higher saline-alkalization, swamp vegetation in the Siertan Wetland consisted mainly of *Phragmites communis* + *Kalidium foliatum* group, while meadow vegetation featured meadow plant groups. Grassland vegetation consisted mainly of the *Pennisetun flaccidum* group, which is grass of root-caudex type species in grasslands. Minimal modification was carried out to TWINSPAN classification results; the 123 quadrates of Siertan wetland-arid grassland ecosystem were divided into three types and 14 associations.

1) Marsh vegetation: I Ass. *Kalidium foliatum*, *Suaeda salsa*; II Ass. *Nitraria tangutorum*, *Kalidium foliatum-Phragmites communis*; III Ass. *Phragmites communis*, *Suaeda salsa*; IV Ass. *Phragmites communis*, *Kalidium foliatum*; V Ass. *Phragmites communis*, *Glaux maritime-Taraxacum mongolicum*.

2) Meadow vegetation: VI Ass. *Nitraria tangutorum*, *Pennisetum flaccidum*; VII Ass. *Suaeda salsa*, *Anaeurolepidium secalium*, *Bassia dasyphylla-Chenopodium glaucum-Ajania parviflora*; VIII Ass. *Chenopodium glaucum*, *Nitraria tangutorum*, *Bassia dasyphylla*; IX Ass. *Nitraria tangutorum*, *Anaeurolepidium secalium*, *polgonum sibiricum*; X Ass. *Achnatherum splendens*, *Nitraria tangutorum*, *Chenopodium glaucum*; XI Ass. *Saussurea runcinata*, *Anaeurolepidium secalium-Sophora alopecuroides*.

3) Grassland vegetation: XII Ass. *Anaeurolepidium secalium*, *Saussurea runcinata*; XIII Ass. *Anaeurolepidium secalium*, *Haplophyllum dauricum-polgonum sibiricum*, *Bassia dasyphylla*; XIV Ass. *Sophora alopecuroides-Pennisetum flaccidum*, *Salsola sinkiangensis*, *Psammochloa villosa*.

From these results, it can be easily deduced that swamp vegetation involved associations I – V, which featured sample plant species and mainly consisted of *Phragmites communis*, *Kalidium foliatum* and are halophytic marsh and hygric plants. Meadow vegetation involved associations VI – XI, which mainly consisted of hygric and mesophytic plant species such as *Nitraria tangutorum*, *Chenopodium glaucum*, *Suaeda salsa*, and *Achnatherum splendens*. Grassland vegetation involved associations XII – XIV, largely consisted of mesophytic and xerophytes plants *Anaeurolepidium secalium*, *Aaussurea runcinata*, *Sophora alopecuroide*, and *Pennisetun flaccidum*. Based on "Chinese Vegetation" (Wu, 1980), these there vegetation types are the result of a special biological environment. The swamp vegetation type is found in the wetland zone; the meadow vegetation type is distributed in the wetland ecotone and the arid grassland ecosystem zones, while the grassland vegetation type is found in the arid grassland zone. Thus, TWINSPAN quantitative classification results are consistent with the pattern of plant distribution in the field and prove that the system is an effective arid wetland vegetation classification method. The results also show that plant types from wetland to grassland follow a trend from hygric (halophytic) to mesophytic (halophytic and mesophytic) to mesophytic and xerophyte plants.

4.2 DCA ordering of a wetland – grassland ecosystem plant community

Using DCA method, 123 quadrates in Siertan Wetland were ranked. The eigenvalues of the first four axes were 3.02, 1.82, 1.55, and 1.12. Figure 3 is a two-dimensional graph from the first axis (AX1) and second axis (AX2) of the four ranked axes. The vegetation can be divided into 14 associations, which is also consistent with the results from the TWINSPAN method. Along AX1, vegetation in the Siertan Wetland can be divided into three groups. The first group consisted of halophytic marsh and hygric plants such as *Phragmites communis* and *Kalidium foliatum*, which involved associations Ⅰ – Ⅴ and are located in waterlogged, halophytic marshes and wetland zones. The second group consisted of hygric, halophytic and mesophytic species such as *Pennisetun flaccidum*, *Suaeda salsa*, *Achnatherum splendens*, and *Aaussurea runcinata*, which involved associations Ⅵ – Ⅹ, parts of Ⅺ, Ⅻ, and XIII , located in the transition of wetland and grassland. The third group consisted of mesophytic and mesophytic + xerophytes species such as *Psammochloa villosa*, *Anaeurolepidium secalium*, and *Sphaerophysa salsula*, which involved associations XIV and parts of Ⅺ, Ⅻ and XIII. The groupings closely resembled the results from the TWINSPAN method, which are swamp vegetation, meadow vegetation and grassland vegetation. At the same time, DCA results commendably represented gradual changes in the environment. Life type changes from wetland to grassland followed trends of hygric (halophytic) to mesophytic and mesophytic + xerophytes. It also showed that AX1 represented the spatial pattern of plant distributions in wetland-grassland ecosystem in the Siertan Wetland region.

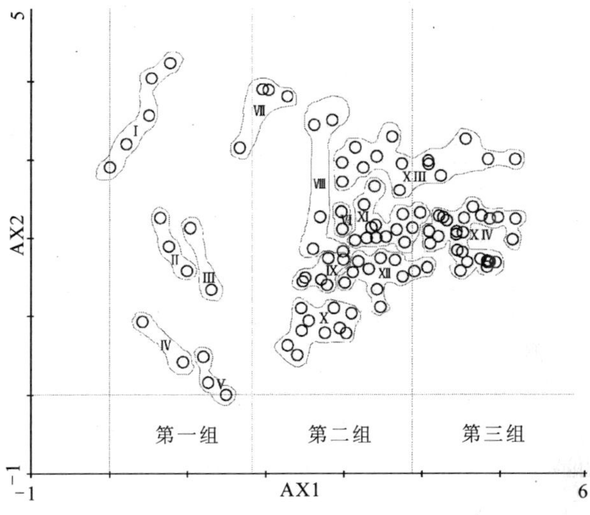

Fig. 3　Two-dimensional DCA ordination of 123 quadrates in Siertan wetland-arid grassland ecosystem

4.3　Plant spatial distribution pattern of a wetland – grassland ecosystem

From the TWINSPAN classification and DCA ordination results, it is easily established that the spatial pattern of plant distribution of wetland-grassland ecosystem in the Siertan Wetland from wetland to grassland followed a trend from swamp vegetation to meadow vegetation and to grassland vegetation. The key environmental factors of the spatial pattern of plant distribution in the wetland can be obtained by analyzing the relationship of environment factors and ordination axes. The AX1 and AX2 Spearman correlation coefficients of the DCA ordination axes and soil factors is shown in Table 2. AX1 is closely positively related to soil water content, with a correlation coefficient was 0. 830. Soil water content was one of the key environmental factors that affected plant pattern of spatial distribution. In general, soil electro-conductive ratio showed a positive relation to the soil salt content. Therefore, the soil electo-conductive ratio is used directly in representing the degree of soil saline-alkalinity (Tam and Wong, 1998; Hopkins and Richardson, 1999; Ramsis et al., 1999; Heydari et al., 2001; Zhang et al., 2003). we have shown the feasibility of soil electro-conductive ratio in the representation of soil whole salt content. Table 2 shows that AX1 represented a negative relationship with soil electro-conductive ratio, with a correlation coefficient of -0.739. It also showed that AX1 and the soil salt content are negatively correlated. This demonstrates that the degree of soil saline-alkalinity clearly affects plant the spatial pattern of plant distribution. From TWINSPAN classification and DCA ordination results, the first group (swamp vegetation) with less species has a low saline-alkali tolerance. It includes *Kalidium foliatum* and *Phragmites communis*. Total soil N, effective P, effective K and organic matter were negatively correlated with AX1. The correlation coefficients were -0.510, -0.719, -0.727 and -0.621 respectively. This shows that soil total N, effective P, effective K and organic matter are also affected by the distribution pattern in the Siertan Wetland. Due to a lower terrain and less water replenishment, the degree of wetland fertility is higher and unfavorable to plant development in this wetland region.

Table 2 Spearman's correlation between DCA ordination axes and soil factors

	total N	effective P	effective K	organic matter	conductance ratio	soil water content
AX1	-0.510*	-0.719**	-0.727**	-0.621**	-0.739**	0.830**
AX2	-0.468*	-0.053	-0.415	-0.378	-0.201	0.348

Note: * $p < 0.05$ means correlation is significant at the 0.05 level (tow-tailed test), ** $p < 0.01$ significant at the 0.01 level (tow-tailed test).

There is no clear correlation between AX2 and soil factors compared to AX1 and only soil total N has a negative correlation with AX2, with a correlation coefficient of -0.468. This demonstrates that soil factors have no clear impact on AX2. Thus, the analysis of other factors affecting DCA ordination in AX2 should consider the rising terrain and its effects on plants (Fig. 1). It also can be found that east line and northeast line are lower than 1350 m contour, while the west and northwest lines are above 1350 m; the west line lies over 1360 m. At same time, grazing was also another factor affecting plant pattern along the lines (Li et al., 2006). The effects of terrain and grazing on plant spatial pattern can also be represented in AX2 and DAC ordination of all four lines.

From TWINSPAN classification and DCA ordering results (AX1), the changing trend of plants in the wetland - grassland ecosystem was along the wetland zone-ecotone-arid grassland zone. This pattern was affected by soil water, soil salt content and soil fertility content. Table 3 shows the mean values of main soil factors in three vegetation zones in the Siertan wetland-arid grassland ecosystem. The trends in soil water content, conductance ratio (salt content), total N, effective P, effective K and organic matter decreased from the wetland zone to ecotone to arid grassland zone. The trends of salt content and soil water content were particularly remarkable. The salt content in the wetland zone is five times that in the ecotone and 21 times that in the arid grassland zone. This is one of the factors that led to plant differences; the soil water content has also clearly changed in response to changes of plant life type from hygric (halophytic) to mesophytic (halophytic-mesophytic) and to xerophytes. Vegetation type changed from swamp vegetation to meadow vegetation and to grassland vegetation.

Table 3 Main soil factors in three vegetation zones in the Siertan wetland-arid grassland ecosystem

	soil water content	total N	effective P	effective K	organic matter	conductance ratio
wetland zone	12.2	0.052	6.934	240.425	0.794	7.548
ecotone	5.6	0.029	4.591	174.045	0.376	1.498
arid grassland zone	3.8	0.028	4.144	124.300	0.339	0.344

5 Conclusions and discussion

Importance value is an integrated index describing relative importance among/of plant species. In herbage plant studies of grassland vegetation, one to three indices, such as coverage and height, are used by most scientists (Zhang et al., 2001; Cheng et al., 2004; Zhao et al., 2005). For regions with better vegetation, one to three indicators can basically represent plant importance. But for regions with poor vegetation or simple plant species, fewer indicators could not comprehensively and truly represent plant importance value. At the same time, some human errors also occur in field investigation, such as errors in coverage rate estimation among groups. The Siertan Wetland is not very large in size, but covered three types of ecosystems of wetland, grassland and the ecotone of wetland and arid grassland. Different environmental conditions such as water content and degree of saline-alkalinity lead to differences among species diversities. In the wetland zone, high degree of saline-alkalinity restricts plant growth and variety in this zone was the least among the "three zones" (Li et al., 2006). If we only use relative coverage as a characteristic value in calculating plant important value, some errors would appear. Given this condition, relative frequency is one of the important indicators in calculating plant importance value. Ecotones with better vegetation and rich varieties of perennial herbage plants, such as *Achnatherum splendens* and *Psammochloa villosa*, predominated because of their height, but with less biomass compared with the fleshy herbage plant *Suaeda sals*. Usually, researchers do not adopt biomass to calculate plant importance value due to difficulty in acquiring biomass, especially in a forest community. But in arid regions, biomass field weighing could objectively represent plant importance value, because it could be easily carried out with fewer errors. Therefore, biomass should be used as an indicator in calculating plant importance value. Hence, five characteristic values-height, coverage, abundance, biomass and frequency-have been used in calculating plant importance values while integrating plant biological and ecological features as well as wetland conditions. The results are an objective reflection of the importance of plants in the community. Classification and ordination are based on the importance value and therefore, the objective degree of importance value directly affects the results of classification and ordination, especially in determination of the main species.

At present, special climate conditions and relief characteristics, which resulted in wetlands being represented in halophytic marshes and took the shape of patches (Zhang et al., 2002), have made wetland studies in arid and semi arid regions seldom. Such patch distributions lead to wetlands with small area. Compared with wetlands in the Sanjiang Plain in the northeast and other regions of China, inland wetlands of northwestern China are represented more in halophytic marshes with seasonal water accumulation. Thus, hygrophytes are not typical and even absent as standing plant in water areas. The Siertan Wetland is a typical marsh wetland in a semi arid region with a high degree of saline-alkalization and low plant species diversity. But because of water supplement, plant species diversity in ecotone of wetland and arid grassland is higher and plays an active role and is helpful in maintaining regional ecological equilibrium (Li et al., 2006). Even if the characteristics of wetlands in arid regions restrict studies, more attention has been paid to wetland studies in recent years because of its special environmental conditions. The establishment of Haba Lake Wetland National Natural Reserve was aimed at wetland diversity protection.

Plant community is the temporal and spatial process in a given region and given period of its environment (Zhang et al., 2002). The vegetation changed radialy from the center of the Siertan Wetland. Over a 1 km sample line distance, the vegetation types changed from halophytic swamp vegetation and halophytic meadow vegetation to typical grassland vegetation, which covered three types of vegetation; the plant environment changed from wetland to transition and to arid grassland, following the same trend as vegetation. Although the Siertan Wetland is not vast, it covers three types of vegetation and involved three types of ecological environments. It demonstrates the importance of a wetland ecosystem in regional ecosystem equilibrium. Soil water content, salt content and soil fertility are the key factors in determining the patternof plant community in the Siertan Wetland. The increments of saline-alkalization degree and reduction of water supplements are the key problems to wetlands in arid regions, which directly affect the spatial pattern of plants in wetland. As the degree of saline-alkalization in the wetland zone increases, plants with a narrow ecological scope will disappear, leading to a decline in plant species diversity. In addition, increasing increments of drought make water supplements increasingly important. As the soil water content decreases, plant growth in ecotones of wetland and arid grassland would be stunted and arid grassland zones would be expanded, leading to severe desertification and a decrease in plant species diversity. Therefore, in northwest arid and semi arid regions, measures such as water sources protection are very important in protection of wetlands and their surrounding ecosystem equilibrium (Li et al., 2006). As for wetland protection in Haba Lake Natural Reserve, future protection should be provided to prevent destruction by neighboring residents, increasing water resource supplements, desertification control, maintaining wetland plant species diversity and spatial pattern of distribution of plants for positive succession.

Acknowledgements This study was supported by the National Natural Science Foundation of China (Grant No. 30771764).

References

Chen Y Y (1995). Wetlands Research in China. Changchun: Jilin Science & Technology Publications, 1 - 7 (in Chinese)

Cheng Z H, Zhang J T, Zhang F (2004). Difference of ecological dominance of meadow population on different tourism disturbance. Acta Bot Boreal-Occident Sin, 24(8): 1476 - 1479 (in Chinese)

Flower R J, Dobinson S, Ramdani M, Kraem M M, Ben Hamza C, Fathi A A, Abdelzaher H M A, Birks H H, Appleby P G., Lees J A, Shilland E, Patrick S (2001). Recent environmental change in North African wetland lakes: diatom and other stratigraphic evidence from nine sites in the CASSARINA Project. Aquat Ecol, 35: 369 - 388

Hopkins D G, Richardson J L (1999). Detecting a salinity plumb in an unconfined sandy aquifer and assessing secondary soil salinization using electromagnetic induction techniques, North Dakota, USA. Hydrogeol J, 7: 380 - 392

He C C (2003). Theory of Plant Ecological Process and its Utilization: Study on Representative Wetland of Sanjiang Plain. Shanghai: Shanghai Science & Technology Publications (in Chinese)

Heydari N, Gupta A D, Loof R (2001). Salinity and sodicity influences on infiltration during surge flow irrigation. Irrigat Sci, 20: 165 - 173

Jay S W, Suzanne E B (1999). Restoration of a Canadian prairie wetland with agricultural and municipal waste water. Environ Manage, 24: 25 - 37

Johnson L B, Gage S H (1997). Landscape approaches to the analysis of aquatic ecosystems. Freshwater Biol, 37: 113 - 132

Li J, Sun H, Xing D X, Wang X G (2003). Characteristics of wetland and its conservation in arid and semi-arid areas in Northwest of China. J Desert Res, 23(6): 670 - 674 (in Chinese).

Li R, Zhang K B, Wang B T, Yang X H, Qiao F, Yang J J, Yang L (2006). Studies on plant species diversity of wetland-dry grassland ecosystem-an example from Yanchi County, Ningxia Hui Autonomous Region. J Beijing For Univ, 28(5): 12 - 17 (in Chinese).

Li Y N, Zhao X Q, Zhao L, Wang Q J, Shen Z X (2003). Analysis of vegetation succession and climate change in Haibei alpine marsh in the Qilian Mountains. J Glaciol Geocryol, 25(3): 243 - 249 (in Chinese)

Mitsch W J, Gosselink J G. (1986) Wetlands. New York: van Nostrand Reinhold Company Inc., 89 - 125

Obeysekera J, Rutchey K (1997). Selection of Everglades landscape models. Landscape Ecol, 12: 7 - 18

Ramsis B S, Clause J O, Robert W F (1999). Contributions of groundwater conditions to soil and water salinization. Hydrogeol J, 7: 46 - 64

Tam N F Y, Wong Y S (1998). Variations of soil nutrient and organic matter content in a subtropical mangrove ecosystem. Water, Air Soil Pollut, 103: 245 - 261

Tian Y B (2005). The vegetation type and its distribution regularity under different habitats in Ruoergai Plateau. J Yangtze Univ (Nat Sci Ed): 2(2): 1 - 6 (in Chinese)

Toner M, Keddy P (1997). River hydrology and riparian wetlands: a predictive model for ecological assembly. Ecol Appl, 7: 236 - 246

Wu D L, Shang GUAN T L, Zhang J T, Xue H X (2005). Quantitative classification and ordination of wetland vegetations in the reaches of the Hutuo River. Acta Bot Boreal-Occident Sin, 25(4): 648 - 654 (in Chinese)

Wu Z Y (1980). Vegetation of China. Beijing: Science Press, 143 - 156 (in Chinese)

Yu D (1994). Study on the geography of aquatic plants in northeast China. Bull Bot Res, 14(2): 169 - 178 (in Chinese)

Zhang J J (1995). Methods of Vegetation Quantitative Ecology. Beijing: China Science & Technology Publications, 139 - 227 (in Chinese)

Zhao L Y, Li Z H, Li F R, Zhao H L (2005). Soil seed bank of plant communities along restoring succession gradients in Horqin Sandy Land. Acta Ecol Sin, 25(12): 3204 - 3211 (in Chinese)

Zhang L X, Zhang F, Shangguan T L (2001). Quantity analysis of plant communities on Mountain Luya, Shanxi. Chin Bull Bot, 18(2): 231 - 239 (in Chinese)

Zhang Y B, Deng A Y, Zhuang T C, Lin P (2003). Relation between soil salinity in intertidal zone and electric conductivity. Ecol Environ, 12(2): 164 - 165 (in Chinese)

Zhang Z G, Wang R Q, Lu J J (2002). Basic characteristics of the psammophytic vegetation on coasts of Shandong Province and the spatial pattern of its keystone species. J Shandong Univ, 37(4): 364 - 368 (in Chinese)

Rui LI, Ruiping HOU, Kebin ZHANG, Yunfang LIU, Zhen BIAN

Fluctuation theory and the practice of grassland vegetation in the northern farming-pastoral ecotones of China

Abstract Vegetation fluctuation is an important part of vegetation dynamics. The characteristics of vegetation fluctuation are quite different between grassland and forest communities. By inferring from ecologic and statistical information, grassland vegetation fluctuation and its fluctuation ratio were defined, and an equation for the fluctuation ratio was established for the first time with the fluctuation coefficients specified via expert weighting method. The quantitative grassland vegetation fluctuation and its fluctuation ratio between the years 2002 and 2006 in Yanchi County, Ningxia, northwestern China, in the northern farming-pastoral ecotones, were studied. Results showed that the largest positive fluctuation ratio of 0.685, implying the best vegetation growth in recent years occurred in 2003, while the most negative fluctuation ratio of-1.098, i.e., the worst vegetation growth during this period, occurred in 2005.

Keywords farming-pastoral ecotones of China, grassland vegetation, fluctuation, fluctuation ratio

1 Introduction

Vegetation fluctuation is an important part of vegetation dynamics. Vegetation fluctuation, especially in grasslands, reflects the effects that ecological and non-ecological factors have on vegetation. Current studies of grassland fluctuation are focused on defining vegetation fluctuation (Peng, 1993; Ren et al., 2001), fluctuation types (Haenrich, 1976; Knapp, 1986; Peng, 1993, 1996; Ren et al., 2001), characteristics of fluctuations (Peng, 1993; Knapp, 1986; Peng, 1996), fluctuation mechanism (Coupland et al., 1960; Knapp, 1986; Peng, 1993), fluctuation intensity (Peng, 1993) and other factors. Studies on vegetation ratio, especially in the northern farming-pastoral ecotones of China have not been reported.

Forest community fluctuation and its fluctuation intensity have been studied by Peng (1993) and other scientists, who proposed the concept of vegetation fluctuation intensity. A fluctuation intensity equation was established under the aegis of ecology and statistics by Peng (1993), who played an important role in promoting quantitative plant community studies. Buongiorno and Michie (1980) unified the forest matrix model and the digital planning method, and then proposed methods of measuring the rate of growth from the growth sector, i.e., from the Forest Matrix Model, but it is difficult to apply. Grassland vegetation, especially in the northern farmingpastoral ecotones, is clearly affected by external factors such as climate change and human activity, but is easily observed compared to forest vegetation. Thus, grassland vegetation fluctuation and its fluctuation ratio studies are of practical importance in the following areas: 1) research of grassland vegetation fluctuation as an important part of vegetation dynamics; 2) provision of scientific reference for grassland management; 3) measurement of vegetation ratios in the evaluation of the degree of grassland fluctuation, and as an effective method to forecast future grassland fluctuations.

Based on previous research, and assisted by ecologic theory and statistical information, we have established an equation for the vegetation fluctuation ratio. We carried out our study in the grasslands of Yanchi County, Nigxia Hui Autonomous Region, as an example of grassland vegetation fluctuation in the northern farmingpastoral ecotones, based on the vegetation fluctuation ratio equation. This study is thought to support grassland management by providing the means to alleviate the shortcomings in plant dynamics theories.

2 Basic features of vegetation dynamics

Many scientists have defined vegetation fluctuation. Barkman (1958) and Braun-Blanquet (1964) proposedthat community dynamics is present only when species differ in certain characteristics (such as coverage, frequency, abundance, biomass, etc.), and they referred to this difference as fluctuation. We are in agreement with Barkman (1958) and Braun-Blanquet (1964), and think that vegetation fluctuation of a plant community deals with annual and seasonal quantitative changes in attribute values affected by short term or periodic climate or moisture changes. Further, the characteristics of vegetation fluctuation are represented by reversibility and relative stability in typical annual or seasonal cycles.

The basic characteristics of vegetation fluctuation are clearly affected by ecological factors, the composition of species and other features. For example, the differences between forest fluctuation and grassland fluctuation are remarkable because the species composition is very different in each community. In general, the basic characteristics of vegetation fluctuation can be divided into four aspects: 1) Fluctuation reversibility. Wherever vegetation occurs, its fluctuation is affected by given factors, and when the factors vanish, the community will revert to its normal state. The normal state is called the "initial state". Generally speaking, it is difficult for vegetation to be restored to its "initial state" after fluctuation has occurred (Peng, 1993); 2) Fluctuation direction. Vegetation fluctuation can be divided into positive and negative fluctuation. When positive fluctuation occurs, the community structure will be better than the initial state. On the other hand, with the negative fluctuation, the community structure will be worse off and its ecological functions will decline; 3) The species composition of the community and its basic properties cannot be changed when vegetation fluctuation occurs, i. e., the constituent and dominant species do not change. This is an essential distinction between vegetation fluctuation and succession; 4) In typical situations, the flora is stable and there is no encroachment of new species (Knapp, 1986; Peng, 1996; Ren et al., 2001).

3 Establishment of the grassland vegetation fluctuation ratio equation

Vegetation fluctuates under the effects of internal and external factors. The community structure will either be better or worse off compared to the "initial state". The degree of plant community fluctuation compared with normal years is defined as the fluctuation ratio (FR). The quantitative determination of this vegetation community fluctuation ratio lies at the root of the emphasis in our investigation.

According to Barkman (1958) and Braun-Blanquet (1964), and by our definition of vegetation fluctuation, community dynamics is represented by differences in species characteristics (such as coverage, frequency, abundance, and biomass). Grassland vegetation fluctuation can be measured by using quantitative vegetation attributes, such as coverage, biomass, height frequency, and so on. We attempted to establish the equation of the grassland vegetation fluctuation ratio for the first time, as follows:

$$FR = \left[c\left(\frac{C_i}{\sum_{i=1}^{r} C_i/r} - 1\right) + b\left(\frac{B_i}{\sum_{i=1}^{r} B_i/r} - 1\right) + h\left(\frac{H_i}{\sum_{i=1}^{r} H_i/r} - 1\right) + d\left(\frac{D_i}{\sum_{i=1}^{r} D_i/r} - 1\right)\right]/4 \quad (1)$$

where FR is the grassland vegetation fluctuation ratio; Ci the grassland vegetation cover in the ith year; Bi the grassland vegetation biomass in the ith year; Hi the height of the grassland vegetation community in the ith year; Dithe grassland vegetation density in the ith year; c, b, h and d are weight coefficients and r is the number of years or months of observation (in our case r = 5 years).

We used the Delphi method in order to determine weight coefficients, as shown in Table 1.

Table 1 Expert weight indices for grassland vegetation in the north farming-pastoral ecotones

experts	coverage	biomass	community height	density
expert 1	1.65	1.79	0.23	0.33
expert 2	1.68	1.90	0.20	0.23
expert 3	1.50	1.72	0.28	0.51
expert 4	1.80	1.70	0.26	0.25
expert 5	1.65	1.87	0.28	0.20
expert 6	1.55	1.95	0.23	0.27
expert 7	1.35	1.70	0.43	0.52
expert 8	1.70	1.80	0.28	0.22
expert 9	1.78	1.77	0.18	0.27
expert 10	1.40	1.90	0.33	0.37
mean value	1.61	1.81	0.27	0.32

According to the degree of importance of different vegetation indices (biomass, height, coverage and so on), the vegetation condition is evaluated using four indices measured by expert scoring. If the four indices are all perfect, their score would be four. Because our study area was in the northern farming-pastoral ecotones of China, autologous vegetation characteristics were also considered. The weight evaluation results are presented in Table 1. The weight coefficients of biomass and coverage were large, but height and density indices were small as determined by expert scoring. The experts scored the weight coefficient c expert scoring. The experts scored the weight coefficient c as 1.61, b as 1.81, h as 0.27 and d as 0.32 (Table 1).

Replacing the coefficients c, b, h and d in equation (1) with their respective weights, the grassland vegetation fluctuation equation in the northern farming-pastoral ecotones was established as follows:

$$FR = \left[1.61 \times \left(\frac{C_i}{\sum_{i=1}^{r} C_i/r} - 1\right) + 1.81 \times \left(\frac{B_i}{\sum_{i=1}^{r} B_i/r} - 1\right) + 0.27 \times \left(\frac{H_i}{\sum_{i=1}^{r} H_i/r} - 1\right) + 0.32 \times \left(\frac{D_i}{\sum_{i=1}^{r} D_i/r} - 1\right)\right]/4 \qquad (2)$$

In general, coverage is one of the most important indices of vegetation growth. However usually, a certain amount of subjectivity is inevitable in such a survey of vegetation coverage, and the field survey results for coverage were not uniform among the experts. In contrast, biomass was measured using a weight balance, thus the investigation results were more standardized. For this reason, the weight coefficient of biomass b was larger than that of coverage weight coefficient c (the other two quantitative vegetation characteristics, community density and height, are less reflective of vegetation growth conditions).

4 Studies of grassland vegetation fluctuation ratio in the north farming-pastoral ecotones: the example of Yanchi County, Ningxia Hui Autonomous Region, China

4.1 Survey of the study area

Yanchi County (37°04′–38°10′N, 106°30′–107°41′E), with an area of 6700 km^2, is located in the eastern part of the Ningxia Hui Autonomous Region. The landform is a denudate pane plain in the south and low in the north with an elevation between 1295 and 1951 m. The physiognomy falls clearly into two landform units: loess covered hills in the south and gentle Ordos hills in the north. The area has a typical continental climate in an intermediate temperate zone, with an annual temperature of 8.1℃. The annual growth period is 165 days, and annual precipitation is around 250–350 mm. Precipitation decreases from the south to the north, and from the southeast to the northwest. Most of the agrotypes are sierozem, calcic kastanozems soil and aeolian sandy soils, with smaller areas of solonchak and planosol soils. Vegetation types include shrubs, grassland, meadows and semi-desert vegetation, of which shrubs, grassland and semi-desert vegetation, by far, account for the greatest percentage and have large distributions. The grassland is categorized as arid grassland and desert steppe, and plants in the communities are xeromorphic and middle xeromorphic.

4.2 Data acquisition

With support from the National Scientific Research Foundation (30771764) and the National Desertification PositionMonitoring Project, field investigations were carried out in the growing season from June to August (2002 – 2006). The items investigated were plant names, number of plants (of each species), coverage, height, biomass, etc. Most of the plant species under consideration were annual herbs. The plots were 1 m × 1 m quadrates.

4.3 Quantitative grassland vegetation fluctuation in the northern farming-pastoral ecotone in Yanchi County

The fluctuation of quantitative vegetation values in the study area is listed in Table 2. This table shows that coverage, biomass, density, community height and the number of plant species in the study area fluctuated widely during 2002 - 2006. It fully suggests that the environment in the farming-pastoral transitional zone is fragile and labile.

Table 2 Fluctuation of vegetation characteristic number in Yanchi County, Ningxia (2002 - 2006)

year	coverage/%	density/104 plants · hm^{-2}	species number	biomass/ kg · hm^{-2}	height/cm
2002	66.98	278.14	57	3792.54	9.747
2003	69.70	209.27	46	3854.41	10.963
2004	60.23	152.57	51	4197.41	17.36
2005	36.02	75.68	43	2617.89	15.273
2006	48.40	216.98	65	2030.251	12.090
mean	56.27	186.53	52.4	3298.50	13.087

Table 2 shows that vegetation coverage in the study area fluctuated between 2002 and 2006, with yearly measurements of 66.98%, 69.7%, 60.23%, 36.02%, and 48.4% respectively. The mean coverage was 56.27%. The vegetation coverage in 2002, 2003 and 2004 were thus higher than the annual average, while that in 2005 and 2006 was lower. The highest vegetation coverage in recent years was therefore 69.7% in 2003, and the lowest was 36.02%, in 2005.

In grassland vegetations, community biomass reflects vegetation growth conditions to a much greater extent than coverage, density, height etc. The reason is that biomass is mainly composed of edificato (the species in the northern farming-pastoral ecotone were mainly perennial herbs and semi shrubs) and the dominant species in the community. During years of normal precipitation, the edificato and dominant species grew well and occupied a large amount of space, narrowing the niches of herbaceous companion species to the extent that some of them disappeared in dry years. Community biomass in the study area was 3792.54, 3854.41, 4197.41, 2617.89 and 2030.25 kg/hm^2 respectively from 2002 to 2006, with a mean of 3298.5 kg/hm^2. The biomass in 2002, 2003 and 2004 was thus higher than the mean annual value, but lower in 2005 and 2006.

Usual findings during field investigations show that community density seems clearly affected by precipitation from previous years. Since abundant antecedent precipitation might lead to rapid growth of therophytes thus leading to a higher community density, the measured community density could not have been measured accurately, and the weight coefficient provided by the experts could have been less than that of other vegetation indices. Large numbers of therophytes grew in the study area as a result of abundant precipitation in 2002 and 2006. This led to higher community densities in the two years, i. e. , 278. 14 × 104 and 216. 98 × 104 plants/hm^2 respectively, with both being higher than the mean annual density of 186. 53 × 104 trees/hm^2. The density in 2003 was 209. 27 × 104 plants/hm^2, also higher than the mean value. The lower densities found in 2004 and 2005 were 152. 57 × 104 and 75. 68 × 104 plants/hm^2 respectively.

The community height during the years 2002 - 2006 was 9. 78, 10. 96, 17. 36, 15. 273 and 12. 09 cm respectively, with a mean of 13. 09 cm. This average community height can reflect the vegetation growth pattern to a certain extent. The weight coefficient of the community height, estimated by the experts at 0. 27, was less than that for coverage and biomass.

4. 4 Grassland vegetation fluctuation ratio in northern farming-pastoral ecotone

Based on our equation for grassland vegetation fluctuation ratio (2) and the quantitative vegetation fluctuation we investigated in the field (Table 2), annual grassland vegetation fluctuation ratios in the study area were calculated (Table 3). Results show that the vegetation fluctuation ratios during the years 2002 - 2006 were 0. 666, 0. 685, 0. 637, -1. 098 and -0. 889 respectively in study area. The fluctuation ratio implies a deviation from normal years in terms of vegetation growth patterns, presenting as either extensive or intensive fluctuation. Zero was chosen as the norm from which to base positive or negative grassland vegetation fluctuation ratios. A positive fluctuation ratio means better vegetation growth and a negative value means a decrease in vegetation growth. The largest positive fluctuation ratio calculated was 0. 685, in 2003. The ratios in 2002 and 2004 were in second and third place, with values of 0. 666 and 0. 637 respectively. The most negative fluctuation ratio was -1. 098, seen in 2005. The second lowest value, -0. 889, was in 2006. Generally, a vegetation fluctuation ratio above zero indicates better vegetation growth than in a normal year, and the larger the vegetation fluctuation ratio, the better the vegetation growth. In contrast, a vegetation fluctuation ratio below zero indicates a decline in vegetation growth from a normal year. The larger absolute negative vegetation fluctuation ratio of the years 2005 and 2006 displayed much worse vegetation growth. Figure 1 shows the curve of vegetation fluctuation ratios from our northern farming-pastoral ecotones, drawn from the values of Table 3. The change of the grassland vegetation fluctuation ratio is shown visually in the curve.

Table 3 Vegetation fluctuation ratios in northern farmingpastoral ecotones (2002 - 2006)

year	2002	2003	2004	2005	2006
FR	0. 666	0. 685	0. 637	-1. 098	-0. 889

According to our quantitative investigation of characteristic grassland vegetation fluctuation and its attendant fluctuation ratio in the study area, the largest positive fluctuation ratio appeared in 2003, which was the best year for vegetation growth in recent years. The most negative fluctua-

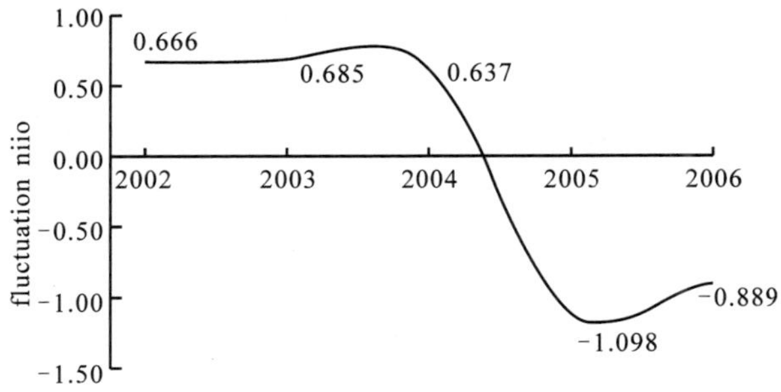

Fig. 1 Curve of vegetation fluctuation ratio in study area

tion ratio, -1.098, appeared in 2005, the worst year for vegetation growth recently.

5 Discussion

Using knowledge of ecology and statistical information combined with measurements of the fragile and peripheral characteristics of vegetation in the area, a fluctuation ratio equation for grassland vegetation in the northern farmingpastoral ecotones was established. This equation is a quantitative method for a quick measurement of grassland vegetation fluctuation. The vegetation fluctuation ratio coefficients were obtained using an expert scoring method. Usually, an expert weight scoring method can be used, however, to a certain extent, some flaws were found due to subjective intrusion. Different perceptions of experts on this problemled to different weighting values. An improvement in the grassland vegetation fluctuation ratio equation and the method of defining the weighting coefficients should be required in further research.

The fluctuation between grassland communities, especially in the northern farming-pastoral ecotones and forest communities has similarities and differences in many respects. The similarities appeared in three aspects: first, grassland or forest vegetation fluctuation does not change the community properties directly; second, fluctuation is a reversible process, which is different from other dynamic forms such as regeneration and succession (Zhou, 2000). This fluctuation is effected by annual climate changes (seasonally, monthly) and quantitative instead of qualitative changes in the community. Because of the unique geographical location and fragile environment, grassland vegetation fluctuation, especially in these northern farming-pastoral ecotones, has obvious characteristics which follow the annual climate cycle and are easy to observe. In contrast, the climate does not have much of a direct effect on forest vegetation, which leads to great difficulty in studying forest vegetation fluctuation. For this reason, researchers are much more interested in forest community succession than in fluctuation.

At present, systematic studies of vegetation fluctuation of grassland communities in the farming-pastoral ecotone in northern China are conducted less frequently than those of the forestry communities in southern China. Spatial rather than temporal research methods are largely adopted (Zhu, 1987; Peng, 1994; Yu et al., 2002; Wang et al., 2003). However, long-term research methods for observation and recording are less used due to shortages in funds, manpower, etc (An et al. , 1997; Zhang et al. , 2004). There are many insurmountable problems concerned with spatial rather than temporal methods, such as the accuracy of divided, successional stages. Therefore, long-term observations are the more indispensable methods in vegetation fluctuation studies. More funds ought to be allocated to establishing future ecological stations, and more ecological stations should be established for the study of vegetation fluctuation, especially in the farming-pastoral ecotones of northern China.

6 Conclusions

1) Based on ecology and statistical information, we have established the following grassland vegetation fluctuation ratio equation(1)

2) Combined with a few vegetation characteristics in the northern farming-pastoral ecotones, of which the weight coefficients c, b, h and d were 1.61, 1.81, 0.27 and 0.32 respectively, vegetation fluctuation ratio coefficients were obtained on the basis of an expert weight scoring method. These coefficients were matched with the fluctuation ratio equation to quantify the grassland vegetation in the area.

3) The quantitative grassland vegetation characteristics clearly fluctuated in the study area during recent years. Taking coverage and biomass as examples, coverage during the years from 2002 - 2006 was 66.98%, 69.7%, 60.23%, 36.02% and 48.4% respectively. The annual mean coverage was 56.27%. The biomass from 2002 to 2006 was 3792.54, 3854.41, 4197.41, 2617.89 and 2030.25 kg/hm^2 respectively, with an average value of 3298.5 kg/hm^2.

4) Using the fluctuation ratio equation that we established for the grassland vegetation in the northern farming-pastoral ecotones, the vegetation fluctuation was calculated. The vegetation fluctuation ratios in the study area were 0.666, 0.685, 0.637, -1.098 and -0.889 in the years 2002 - 2006. The largest positive fluctuation ratio was 0.685, in 2003, and implies better vegetation growth.

Acknowledgements This study was supported by the National Natural Science Foundation of China (Grant No. 30771764).

References

An S Q, Li S F, Wang Z F, Zhu X L, Liu Z L (1997). Dynamic change of the forest in spirit valley, Nanjing. Acta Bot Sin, 39 (7): 661 - 666

Barkman J J (1958). On the ecology of cryptogamic epiphytes with special reference to the Netherlands. Belmontia, 2: 10 - 18

Braun-Blanquet J (1964). Pflanzensoziologie. 3rd ed. Wien: Springer Buongorno J, Michie B R (1980). A matrix model of uneven aged forest management. For Sci, 26: 609 - 625

Coupland R T, Skoglund NA, Heard A J (1960). Effects of grazing in the Canadian Mixed Prairie. Proc Intern Grassl Congress, 8: 212 - 215

Haenrich E F (1976). Environmental fluctuations on southfacing slopes in the Santa Catalina Mountains of Arizona. Ecology, 51: 959 - 974

Knapp R (1986). Vegetation Dynamics (in Chinese, trans. Song Y C). Beijing: Science Press, 68 – 76

Peng S L (1993). Fluctuation of forest community. Chin J Appl Ecol, 4(2): 120 – 125 (in Chinese)

Peng S L (1994). Studies on succession of plant community (II): methods for dynamics research. Ecol Sci, 2: 117 – 119 (in Chinese)

Peng S L (1996). Forest Community Dynamics Science in South Asia Tropical Zone. Beijing: Science Press (in Chinese)

Ren H, Liu S Z, Peng S L (2001). The types and mechanism of fluctuation in plant community. J Trop Subtrop Bot, 9(2): 167 – 173 (in Chinese)

Wang D L, Zhu S Q, Huang B L (2003). Changes of vegetation features of rocky desertification process in Karst area of Guizhou. J Nanjing For Univ (Nat Sci Ed), 27(3): 26 – 30 (in Chinese)

Yu L F, Zhu S Q, Ye J Z, Wei LM (2002). Dynamics of a degraded Karst forest in the process of natural restoration. Sci Silv Sin, 38(1): 1 – 7

Zhang K B, Li R, Hou R P, Qiao F, Yang J J (2004). Study on plant diversity of deferent control measures of desertification in Yanchi County, Ningxia. Sci Soil Water Conserv, 2(4): 66 – 72 (in Chinese)

Zhou C F (2000). Research advances of plant community dynamics. Ecol Sci, 19(2): 53 – 59 (in Chinese)

Zhu S Q (1987). Research of Karst Forest Ecology. Guiyang: Guizhou Science and Technology Press (in Chinese)

附录 2

附表 1　盐池外业调查固定样地一览表

Affix 1. Fixing sample plots for field survey in Yanchi County

取样区域	样地号	N	E	备　注
无量殿	A1	37°43′47″	107°21′19″	沙化草地,无干扰
	A2	37°44′30″	107°21′37″	固定沙丘
	A3	37°43′54″	107°21′35″	乔木林下草地
	A4	37°45′24″	107°22′59″	撂荒地
下滩村	T1	37°54′45″	107°23′28″	退耕还林地,属柳杨堡乡
四敦子	T2	37°45′53″	107°16′24″	退耕还林地,属花马池镇
哈巴湖	H	37°42′49″	107°02′48″	芨芨草草甸,哈巴湖林场
柳杨堡	E	37°50′45″	107°24′04″	人工封育区,1996 年封育
钱记滩	QJ	37°43′50″	106°56′56″	盐碱地,位于哈巴湖北
官滩	GT	37°43′15″	106°58′56″	哈巴湖西北,无干扰
路记红庄	LJ	37°39′32″	107°06′50″	甘洼山以东,有农田
四儿滩	S	37°55′33″	107°20′59″	沼泽湿地,南部干扰较大
沙边子	SB	37°40′48″	107°45′02″	沙化土地
骆驼井	LT	37°52′11″	107°37′40″	干扰较小,有人工林
硝池子	X	37°42′37″	107°22′04″	沼泽地
苟池	GC	37°46′54″	107°27′41″	湿地,干扰较小
青羊井	QY	37°59′48″	107°11′24″	属高沙窝镇,芨芨沟南
项目区	GX	37°58′ 94″	107°05′ 76″	高沙窝日援项目区
猫头梁	M	37°46′ 36″	107°23′27″	耕作影响较大
牛记圈	N	37°79′ 15″	107°22′ 20″	中度干扰
二道湖	ED	37°39′ 30″	107°21′ 20″	湿地,芨芨草草甸
野湖井	YH	37°44′ 27″	107°12′ 59″	人类活动少,干扰较小
惠安堡	HA	37°28′48″	106°43′12″	中度干扰,有退耕地
冯记沟	F	37°39′36″	106°54′00″	天然草地,轻度干扰
余庄子	YJ	37°36′36″	106°37′48″	放牧等干扰严重
麻黄山	M	37°12′36″	107°07′12″	属南部黄土区,有大针茅典型草原,栽培植物较多
鸦儿沟	Y1	37°49′18″	106°58′09″	位于盐池西部和灵武交界处,植被以老瓜头
	Y2	37°49′30″	106°58′02″	居多,呈荒漠草原植被特征,人为干扰严重
	Y3	37°49′19″	106°58′21″	
	Y4	37°49′07″	106°58′17″	
	Y5	37°49′19″	106°57′57″	
柳条井	L1	37°26′33″	106°53′17″	有封育措施,部分草地为撂荒地,中度干扰
	L2	37°26′40″	106°53′25″	
	L3	37°26′33″	106°53′26″	
	L4	37°26′24″	106°53′22″	
	L5	37°26′22″	106°53′13″	
青山乡	Q1	37°32′41″	107°07′11″	有中度干扰,有退耕地
	Q2	37°32′51″	107°07′16″	
	Q3	37°32′52″	107°07′03″	
	Q4	37°33′07″	107°07′07″	
	Q5	37°33′02″	107°06′52″	
高沙窝	G1	37°58′21″	107°04′36″	封育草地
	G2	37°58′13″	107°04′45″	
	G3	37°58′17″	107°04′31″	
	G4	37°58′21″	107°06′22″	
	G5	37°58′30″	107°04′32″	

附表2　盐池县土地资源面积统计表(万 hm^2)

Affix 2. Statistic table of land resources in Yanchi County

统计单位	总计	耕地			园地	林地				草地				居民点及工矿交通	水域	难利用地			
		小计	旱地	水浇地		小计	有林地	苗圃	宜林地	小计	天然草地	改良草场	人工草地			小计	碱滩	沟壑	流沙
全县总计	67.59	12.30	12.18	0.12		3.12	2.02	0.01	1.10	44.10	44.10	0.15	0.10	1.37	0.24	6.14	0.72	2.08	2.77
毛乌苏沙地	53.42	8.37	8.26	0.11		2.68	1.68	0.01	1.00	38.45	38.21	0.15	0.09	1.04	0.14	4.01	0.72	0.34	2.76
城郊乡	4.48	0.95	0.92	0.03		0.23	0.21		0.03	2.60	2.51	0.05	0.04	0.09		0.59	0.06	0.03	0.49
柳扬堡	4.47	0.81	0.78	0.03		0.30	0.18		0.15	2.48	2.48			0.07		0.13	0.04	0.03	0.07
高沙窝	5.42	0.75	0.75			0.23	0.09		0.14	4.05	4.02			0.10		0.29	0.03		0.27
苏步井	3.05	0.54	0.53			0.24	0.12		0.12	1.81	1.81			0.07		0.39	0.02	0.06	0.31
王乐井	4.20	0.87	0.86	0.01		0.34	0.16		0.18	2.71	2.71			0.12		0.14	0.03	0.03	0.07
鸦二沟	4.59	0.64	0.64	0.01		0.03	0.03		0.01	3.60	3.60			0.08		0.23	0.04	0.04	0.15
青山	5.20	0.99	0.97	0.02		0.27	0.12		0.15	3.67	3.67			0.08	0.03	0.16	0.04	0.03	0.08
大水坑	6.77	1.13	1.12			0.07	0.06		0.01	5.32	5.24	0.04	0.04	0.14	0.01	0.10	0.01	0.04	0.05
惠安堡	5.23	0.74	0.74			0.04	0.04		0.01	3.78	3.78			0.08	0.09	0.50	0.17	0.02	0.18
马儿庄	5.16	0.41	0.41			0.02	0.02			4.24	4.18	0.06		0.04		0.44	0.09		0.34
冯记沟	3.72	0.43	0.43			0.01	0.01			2.85	2.85			0.05		0.38	0.19	0.04	0.12
机械化林场	2.95	0.10	0.08	0.01		0.88	0.68		0.20	1.29	1.30			0.01		0.66		0.02	0.50
草原站	0.10	0.02	0.02			0.01	0.01			0.07	0.05		0.01						
城关镇	0.04	0.01								0.01	0.01			0.03					
其他	0.06													0.06					
黄土高原	12.83	3.93	3.92			0.44	0.04		0.10	5.90	5.89		0.01	0.33	0.10	2.14		2.14	
红井子	3.60	0.94	0.94			0.21	0.18		0.03	1.93	1.92		0.01	0.10	0.05	0.37		0.37	
萌城	3.47	0.94	0.94			0.05	0.02		0.03	1.93	1.93			0.08	0.05	0.42		0.42	
麻黄山	3.10	1.21	1.21			0.07	0.06		0.02	1.24	1.23			0.09		0.49		0.49	
后洼	2.64	0.83	0.83			0.09	0.06		0.03	0.80	0.80			0.06		0.86		0.86	
水保站	0.02					0.02	0.02												

资料来源：盐池县农业区划报告，盐池县境内古长城占地0.07万 hm^2，裸地0.18万 hm^2

附表3　盐池县多年人文社会经济统计资料

Affix 3. Yanchi humanistic community economy data, 1949 – 2006

年份	总人口	大牲畜存栏	羊只存栏（只）	其中		粮食总产量(t)	造林面积 hm^2
				绵羊	山羊		
1949	26940	15357	205370	127786	77854	7500	
1950	33383	19841	252065	151448	100617	6230	
1951	39063	24213	282732	165082	117650	1510	
1952	42885	26938	391953	230374	111579	5040	
1953	48060	29720	508850	285663	223187	5010	1.3
1954	47293	32030	502612	276462	226150	25750	7.3
1955	50009	33285	475275	244811	230914	5130	173.3
1956	49350	30065	380699	194188	186511	21690	486.7
1957	51176	30339	348956	166698	182258	3880	450.9
1958	52637	28042	383474	161737	221737	30860	1840.0
1959	53939	28876	451071	205613	245458	13480	1845.5
1960	55966	28913	471690	212123	295567	14100	1333.3
1961	58114	26330	494798	210803	283995	23010	423.8
1962	62611	28540	510542	215490	295052	10460	349.1
1963	65328	29543	547789	232991	314798	23220	358.5
1964	67915	32650	648099	284214	363886	33130	1939.3
1965	71268	33670	635387	290675	344712	16370	2149.2
1966	72929	32342	657058	296000	361058	15590	3268.0
1967	74796	30967	666104	305506	360598	34610	812.3
1968	77564	32868	608563	305544	303019	21280	813.7
1969	81285	33353	530094	250979	279115	19830	2778.9
1970	84722	33314	560796	265578	295218	22760	1018.2
1971	88345	30733	566929	267757	299172	8720	1346.7
1972	91336	29132	514497	244068	270429	14730	1018.2
1973	94672	33388	597102	282004	315098	8920	1294.7
1974	97908	33109	496612	250296	246316	26750	1612.3
1975	100375	32583	509241	249133	260108	6700	2410.0
1976	102656	29521	319498	157194	162304	18220	4314.6
1977	105476	30427	440818	216026	224792	29070	5544.6
1978	108175	32378	511941	261478	250463	25520	7186.4
1979	111108	34148	640805	333687	307118	30560	5645.3
1980	114378	34101	413253	263860	176393	7500	2889.7
1981	116793	31739	423408	239471	183937	34840	1114.3
1982	119235	32118	439232	274031	165201	3190	2430.7
1983	121741	31333	423245			12612	2952.0
1984	123157	32309	448001			39200	3270.0
1985	124935	34239	488919			24775	11933.0
1986	131236	34376	536445			30120	16694.0
1987	131751	31897	499980			17226	2120.0
1988	134426	30072	516925			28390	21968.0
1989	136658	29604	540448			30280	1850.0
1990	140038	30281	434964			35671	2404.0
1991	141741	29671	618769			26253	4835.0
1992	144563	29739	514274			37861	8760.0
1993	147203	29502	525155			21674	9180.0
1994	146814	28928	494534			39119	12775.0
1995	148621	28831	494261			29918	8032.0
1996	150058	28692	447509			50365	8940.0
1997	151531	27892	546809	319200	227609	37290	7229.0
1998	152403	27364	495925			52217	13617.0
1999	152213	26385	505409			51728	12561.0
2000	152217	22273	602499			28118	11340.0
2001	153192	20655	426559			57299	19993.0
2002	160000	15810	450000			72362	
2003	158000	14715				57640	
2004	160936	17238	451958	350858	101100	73356	19447.0
2005	162987	13103	575974	441412	134562	61290	15633.0
2006	163898	12915	629538	482247	147291	72084	3459.0

附表 4　盐池县多年气象资料统计表

Affix 4. Meteorologic data of Yanchi County in the past 50 years

年分	降水量（mm）	蒸发量（mm）	平均温度(℃)	极端最高(℃)	极端最低(℃)	大风日数(日)	无霜期
1954	270.9	2039.3	7.1	33.3	-29.6	3	177
1955	248.5	2379.2	8.2	35	-28.1	1	175
1956	435	2013.8	7	33.5	-27.8	7	149
1957	156.7	2215.3	7.3	34.6	-27.2	44	152
1958	346.4	3100.4	7.6	35.2	-29.2	74	150
1959	357.8	2198.4	7.8	33.3	-25.7	47	149
1960	289.6	2251.2	8.1	36.3	-24.7	41	171
1961	420.8	1982.5	8.1	36.1	-25.3	31	181
1962	261.9	2216.5	7.4	34.1	-25	18	146
1963	293.9	2105.8	7.5	33.7	-25.4	33	153
1964	586.8	1491	7.5	32.8	-24.5	15	142
1965	169.7	2412.3	8.1	34.4	-21.8	30	157
1966	184.7	2430	8.2	38.1	-23.3	44	186
1967	487.5	1908.9	6.5	34.1	-25.7	11	158
1968	436.9	1961.6	7	34.8	-26.6	18	154
1969	259.1	2065.7	7.4	35.6	-24.6	32	191
1970	251.4	1985.6	7.2	35.3	-27.5	10	119
1971	286.7	2394.7	7.9	36.3	-27.6	24	201
1972	256	2481.8	7.7	36.6	-22.1	15	201
1973	362.7	2145.9	8.2	35.5	-24.3	10	172
1974	190.1	2252.4	7.6	36	-23.2	11	141
1975	222.7	2220.7	8	36.6	-28.5	9	155
1976	257.4	1925.4	7.1	36.1	-26.4	17	171
1977	283.3	2055.8	7.8	34.4	-26.4	9	129
1978	344.9	2008	8.3	35.1	-23	8	149
1979	257.7	2006.6	8.2	33.5	-19.3	20	100
1980	145.3	2307.3	8.1	36.1	-26.5	15	112
1981	276.9	2131.1	7.9	35.7	-22.2	16	173
1982	171.7	2227	8.5	34.1	-22.5	18	173
1983	217.6	2039.9	8.6	35.1	-23.6	11	186
1984	316.9	1920.2	7.2	34.5	-25.8	9	179
1985	399	1798.5	7.9	35.4	-22.5	17	186
1986	236.8	1838.9	7.7	35.3	-20.9	5	186
1987	197.2	2301.9	9.4	36.3	-20.2	16	169
1988	276.2	1757.3	8.8	35.7	-24.3	11	186
1989	296.4	1824.3	8.3	33.2	-27	2	149
1990	333.2	2070.1	9.1	34.9	-21.1	5	174
1991	276.8	2176.6	8.9	36.4	-26.7	5	167
1992	297.3	1940.5	8.3	34.2	-21.5	17	194
1993	230.1	2003.9	7.9	34.7	-26.7	13	162
1994	392.4	1886.4	9.1	34	-20	16	148
1995	303.4	1880.3	8.4	34.7	-17.8	14	211
1996	348.5	1780	8.2	35	-21.8	20	175
1997	255.4	1987.4	9.2	36.7	-19	8	148
1998	365.1	1873	10	35.8	-22.9	8	149
1999	294.7	2015.1	9.7	35.2	-20.6	9	222
2000	160.8	2003.8	9.1	37.5	-23.9	10	181
2001	299	1928.7	9.4	36.7	-18.9	14	172

附表 5　盐池县 2002 年气象数据观测收集记录表

Affix 5. Meteorologic data of Yanchi County in 2002

月份	降水量（mm）	蒸发量（mm）	连续无降水日数	暴雨日数	平均气温（℃）	极端最高温（℃）	极端最低温（℃）	平均风速（m/s）	主风方向	8 级以上大风日数	浮尘日数	扬沙日数	沙尘暴日数
一月	1	50.8	34	0	-3.5	14.1	-14.6	2.6	w	1	0	3	0
二月	2.3	72.3	26	0	-0.1	13.9	-12	2.5	w	1	1	5	1
三月	2.6	154.7	15	0	5.4	23.5	-7.7	3	w	2	0	11	4
四月	27.3	145.5	23	0	10.7	28.9	-4	3.1	w	1	2	11	1
五月	60.9	128.3	17	0	16.4	32	4.5	2.7	e	1	0	2	1
六月	111.9	183.8	21	1	23	34.2	11.9	3	wnw	0	0	4	0
七月	56.9	200.8	15	0	22.3	36.5	14.1	2.6	ese	1	0	3	0
八月	32.1	148.3	14	0	21.9	36.3	12.5	1.9	ese	1	0	5	0
九月	91.3	86.3	15	0	15.3	34.2	3.5	2.1	wnw	0	0	1	0
十月	5.2	92.7	16	0	9.2	26.5	-4.1	2.5	wnw	0	0	1	0
十一月	0.1	73.3	31	0	2	15.6	-10.1	2.7	wnw	1	0	4	0
十二月	5.5	27.1	14	0	-6.9	12.2	-26.6	2.2	wnw	0	0	1	0
全年	399.1	1369.9	34	1	9.64	36.5	-26.6	3.09	w	9	3	51	7

附表6　盐池县2003年气象数据观测收集记录表

Affix 6. Meteorologic data of Yanchi County in 2003

月份	降水量（mm）	蒸发量（mm）	连续无降水日数	暴雨日数	平均气温（℃）	极端最高温（℃）	极端最低温（℃）	平均风速（m/s）	主风方向	8级以上大风日数	浮尘日数	扬沙日数	沙尘暴日数
一月	2.3	41	24	0	-8.3	10.2	-19.6	2.5	e静风	2	0	0	0
二月	0.1	75.2	21	0	-2.3	15.6	-18.7	2.8	e	0	0	4	0
三月	5.9	127.4	0	0	3.1	27.3	-11.8	3.3	ese	0	0	2	0
四月	18.4	151.2	10	0	10	28.3	-3.3	3.9	wnw	5	0	8	2
五月	47.6	175.6	4	0	16.2	29.3	1	3.4	s	1	0	6	0
六月	66.5	219.7	6	0	20.6	33.8	5.4	3.1	nw	0	0	4	0
七月	42.5	195.1	6	0	22.2	34.2	11.1	3.2	ssw	1	0	1	1
八月	60.4	158.8	5	0	20.5	32.7	4.9	2.9	ssw	0	0	0	0
九月	27.4	130.5	6	0	16.5	32.2	2.4	2.7	ssw	1	0	0	0
十月	23.5	90.5	11	0	7.7	21.4	-7.5	2.7	wnw	0	0	0	0
十一月	7.5	61.4	6	0	-0.5	21.9	-19.5	2.8	ssw	2	0	3	0
十二月	0	39.7	31	0	-8.5	8.1	-22	2.2	wnw	1	0	1	0
全年	302.1	1466	31	0	8.1	34.2	-22	2.96	w	13	0	29	3

附表 7　盐池县 2004 年气象资料统计表

Affix 7. Meteorologic data of Yanchi County in 2004

月份	降水量（mm）	蒸发量（mm）	连续无降水日数	暴雨日数	平均气温（℃）	极端最高温（℃）	极端最低温（℃）	平均风速（m/s）	主风方向	8 级以上大风日数	浮尘日数	扬沙日数	沙尘暴日数
一月	0.3	36.8	30		-9.6	8.8	-26.5	1.6	e,w				
二月	0	89.6	29		-4.5	17.1	-23.9	2.6	e,ww	5		6	1
三月	0.8	163.1	30		3.2	25.9	-19.3	3	e,wsw	3	1	12	2
四月	1.1	191.6	29		12.8	31.6	-10.4	3.1	e,w	1		9	1
五月	26.9	215.4	11		16.2	31.5	-1.9	3.5	w	4		5	2
六月	72	184	11		19.7	33.9	7	2.6	sse	4		3	
七月	52.6	189.3	5		21.9	34.4	11	2.4	e,w	2		2	
八月	65.4	147.2	4		20.1	32.8	7.9	2.1	w				
九月	47.7	122.1	10		15.4	29.5	1.1	2.2	s			1	
十月	13.4	80.6	21		6.8	23.5	-10.3	1.8	e,ww	2		1	
十一月	0.5	69.2	21		-1	20.2	-19.5	2.3	e,w	1		2	
十二月	1.5	54.4	22		-4.8	3.7	-26.7	2.6	w	1		1	
全年	282.2	1543.3			8.02	34.4	-26.7	2.5	e,w	23		12	6

附表8　盐池县2005年气象资料统计表

Affix 8. Meteorologic data of Yanchi County in 2005

月份	降水量（mm）	蒸发量（mm）	连续无降水日数	暴雨日数	平均气温（℃）	极端最高温(℃)	极端最低温(℃)	平均风速（m/s）	主风方向	8级以上大风日数	浮尘日数	扬沙日数	沙尘暴日数
一月	1.2	33	18		-10	8.1	-24.6	1.4	e,w				
二月	2.4	53	11		-6.7	12	-26.2	2.3	e,sw	1		1	
三月	0.7	132.2	31		1	18.6	-21.9	2	e,wnw	1		3	
四月	0	183.1	30		11.2	30.8	-9.1	2.4	nw	2		9	1
五月	28.6	197.9	29		16.6	30.1	-1.5	2.8	nnw	1		5	
六月	15.9	240	11		22.9	36.5	7	2.5	nw	3	1	2	2
七月	46.9	206.2	15		23.5	36.8	11.1	2.3	se				
八月	47.1	155.8	15		20.3	32.6	8.8	2.6	s	1			
九月	43.8	122.3	18		16.6	31.6	2.9	2.1	e,ese				
十月	7.8	85.6	10		7.7	23.2	-7.1	1.8	e,ww			2	
十一月	0	92.3	30		0.9	19.2	-12.2	2.37	w	1		4	1
十二月	0.3	38.8	30		-3.7	7.4	-22.9	1.98	w			2	
全年	194.7	1540.2			8.36	36.8	-26.2	2.21	e,w	10	1	28	4

附表 9　盐池县 2006 年气象资料统计表

Affix 9. Meteorologic data of Yanchi County in 2006

月份	降水量 (mm)	蒸发量 (mm)	连续无降水日数	暴雨日数	平均气温 (℃)	极端最高温(℃)	极端最低温(℃)	平均风速 (m/s)	主风方向	8 级以上大风日数	浮尘日数	扬沙日数	沙尘暴日数
一月	7.5	29	12		-8.3	8.2	-22.7	1.7	w	1		1	
二月	26	60.0	20		-3.7	17.5	-16.8	2.3	w	1		4	1
三月	0.5	163.4	17		2.7	22.4	-15.4	2.2	ww	3		6	3
四月	26	175.4	27		11.4	33.2	9.7	3.6	w	5		16	3
五月	33	185.6	10		17.1	31.9	1.3	2.9	w	3	1	11	
六月	9.8	221.2	16		22.2	36.7	6.8	2.5	w	3		3	2
七月	60.8	161.9	8		23.8	35.1	10.7	2.7	sse			1	
八月	54.8	162.9	7		22.5	34.0	7.9	2.2	sse	1		1	
九月	17.1	110.6	9		14.5	27.4	0	1.9	sse			2	
十月	14.1	99.0	15		11.8	26.0	-4.6	1.9	sse			1	
十一月	9	78.2	24		1.4	18.3	-11.8	1.9	w				
十二月	0	43.9	34		-6.2	8.1	-18.6	2.0	sse	1		3	
全年	212.1	1491.1	34		9.1	36.7	-22.7	2.3	wsw	18		49	9

附表10　盐池县2002～2006年调查样方内常见植物及拉丁名

Affix 10. The plants and Latin names in investigation samples, 2002～2006

中文名	拉丁名	中文名	拉丁名
阿尔泰狗娃花	*Heteropappus altaicus* (Willd.) Hovopokr.	蒙疆苓菊	*Jurinea mongolica* Maxim
矮韭	*Allium anisopodium* Ledel.	宁夏黄芪	*Astragalus alaschaensis* H. C. Fu
白刺	*Nitraria tangutorum* Bobr.	拧条	*Caragana korshinskii* Kom
北拟芸香	*Haplophyllum dauricum* (L.) G. Don	披针叶黄华	*Thermopsis shischkinii* Czefr
变异黄芪	*Astragalus variabilis* Bge. ex Maxim	平卧碱蓬	*Suaeda prostrata* Pall.
草地风毛菊	*Saussurea amara* (Linn.) DC.	蒲公英	*Taraxacum mongolicum* Hand. -Mazz.
草木犀	*Melilotus suaveolens* Ledeb	鳍蓟	*Olgaea Leucophylla*(Turcz.) Iljin
草木犀状黄芪	*Astragalus melilotoides* Pall. It.	乳浆大戟	*Euphorbia esula* L
草瑞香	*Diarthron linifolium* Turcz.	赖草	*Anaeurolepidium secalium*(Georgi) Tzvel.
叉枝鸦葱	*Scorzonera divaricata* Turcz.	沙芦草	*Agropyron mongolicum* Keng
臭蒿	*Artemisia hedinii* Ostenf. et Pauls.	沙米	*Agriophyllum squarrosum* (Linn.) Moq.
达乌里胡枝子	*Lespedeza davurica* (Laxm.) Schindl.	砂蓝刺头	*Chinops gmelini* Turcz.
打碗花	*Calystegia hederacea* Wall.	砂珍棘豆	*Oxytrapis psammocharis* Hance
大籽蒿	*Artemisia sieversiana* Ehrhart ex Willd	山苦荬	*xeris chinensis* (Thunb.)
地构叶	*Speranskia tuberculata* (Bge.) Baill.	绳虫实	*Corispermum declinatum steph.* ex stev.
地锦草	*Euphorbia humifusa* Willd	莳罗蒿	*Artemisia anethoides* Mattf
短花针茅	*Stipa breviflora* Griseb.	丝叶山苦荬	*Ixeris chinensis* (Thunb.) Nakai
多裂蒲公英	*Taraxacum dissectum* (Ledeb.) Ledeb.	雾冰藜	*Bassia dasyphylla* O. Kuntze
锋芒草	*Tragus mongolorum ohwi* (Linn.) All.	西伯利亚蓼	*Polygonum sibiricum* Laxm.
甘草	*Glycyrrhiza uralensis* Fisch	细叶鸢尾	*Iris tenuifolia* Griseb
甘青侧金盏花	*Adonis bobroriana* Sim.	狭叶米口袋	*Gueldenstaedtia stenophylla* Bge.
狗尾草	*Setaria viridis* (L.) Beauv.	狭叶青海大戟	*var. angustifolia* S. Q. Zhou
海乳草	*Glaux maritima* L.	小花亚菊	*Ajania parvi flora* (Grii.) Ling.
虎尾草	*Chloris virgata* Swartz.	小画眉草	*Eragrostis poaeoides* Beauv
荒漠石头花	*Gypsophila desertorum* (Bge.) Fenzl	刺沙蓬	*Salsola ruthenica* Iljin
灰菜	*Chenopodium glaucum* Linn.	盐爪爪	*Kalidium foliatum* (Pall.) Moq.
灰丝藜	*Chenopodiam glaucum* L.	野滨藜	*Atriplex fera* (L.) Bge.
芨芨草	*Achnatherum splendens* (Trin.) Nevski	野稷	*Punicum milaceum* L. var *rudenale* Kitag.
蒺藜	*Tribulus terrestris* L. Sp. Pl.	黑沙蒿	*Artemisia ordosica* Thunb
尖叶石头花	*Gypsophila acutifolia* Fisch. ex spreng	银灰旋花	*Convol vulus ammanii* Desr.
碱地风毛菊	*Saussurea runcinata*	硬阿魏	*Ferula bungeana* Kitagawa
碱蓬	*Suaeda salsa* (L.) Pall	远志	*Polygata tenuifolia* Willd.
角蒿	*Incarvillea sinens* Lam.	中华隐子草	*Cleistogenes chinensis* (Maxim.) Keng
金色补血草	*Limonium anreum* (L.) Hill.	中亚虫实	*Corispermum heptapotamicum* Iljin
苣荬菜	*Sonchus brachyoutus* DC.	中亚细柄茅	*Ptilagrostis pelliotii* (Dangccy) Grub.
苦豆子	*Sophora alopecuroides* Linn.	猪毛菜	*Salsola* Collina Pall
苦马豆	*Sphaerophysa salsula* (Pall.) DC.	鹤虱	*Lappula myosotis* Moench
白草	*Pennisetum flaccidum* Griseb	胡枝子	*Lespedeza bicolor* Turcz.
老瓜头	*Cynanchum komarovii* Al.	花棒	*Hedysarum scoparium* Fisch. et Mey
冷蒿	*Artemisia frigida*. Willd.	荒漠黄耆	*Astragalus alaschanensis* H. C. Fu
芦苇	*Phragmites australis* (Cav.) Trin. Ex Steud	细弱隐子草	*Cleistogenes gracilis* Keng
骆驼蓬	*Peganum harmala* Linn	沙葱	*Allium bidentatum* Fisch.
牻牛儿苗	*Erodium stephanianum* Willd.	蚓果芥	*Torularia humilis* (C. A. Meyer) O. E. Schulz
猫头刺	*Oxytropis aciphylla* Ledeb.	烛台虫实	*Corispermum candelabrum* Iljin
蒙古虫实	*Corispermum mongolicum*Iljin	大针茅	*Stipa grandis* P. Smirn.
长芒草	*Stipa bungeana* Trin.	猪毛蒿	*Artemisia scoparia* Waldst. et Kit.
中亚滨藜	*Atriplex centralasiatica* Hjin.	灰绿藜	*Chenopodium glaucum* Linn.
糙隐子草	*Cleistogenes squarrosa*(Trin.) Keng	戈壁天门冬	Name:*Asparagus gobicus* Ivan. ex Grubov
碱地肤	*Kochia sieversiana*	二色补血草	*Limonium bicolor* (Bge.)o. Ktze
沙地旋复花	*Inula salsoloides* (Turcz.) Ostenf.	刺穗藜	*Chenopodium aristatum* Linn.
黄花铁线莲	*Clematis intricata* Bunge	软毛虫实	*Corispermum puberulum* Iljin
沙芥	*Pugionium cornutum* (L.) Gaertn.	节节草	*Equisctum ramosissimum* Desf.
二裂委陵菜	*Potentilla bifurca* L.	沙茴香	*Ferula borealis* Kuan
盐生黄芪	*Astragalus salsugineus* Kar. et Kir. var. *multijugus* S. B. Ho	茵陈蒿	*Artemisia capillaris* Thumb
多枝黄芪	*Astragalus polycladus* Bur. et Franch	艾蒿	*Artemisia argyi* Levl. Et Vant.
蒙古蒿	*Artemisia mongolica* Fisch. et Bess	枸杞	*Lycium chinense* Mill.
黄花苜蓿	*Medicago falcata* L. var. falcata	铁线蕨	*Adiantum capillus-veneris* Linn.

参考文献

[1] 安树青，张久海，谈健康．森林植被动态研究述评[J]．生态学杂志，1998，17（5）：50 ~ 58

[2] 包维楷，刘照光，袁亚夫．瓦屋山中亚热带湿性常绿阔叶林的林窗形成特征[J]．应用生态学报，2001，12（4）：485 ~490

[3] 蔡飞，宋永昌．武夷山木荷种群结构和动态的研究[J]．植物生态学报，1997，21(2)：138 ~148

[4] 曹成有，蒋德明，阿拉木萨等．小叶锦鸡儿人工固沙区植被恢复生态过程的研究[J]．应用生态学报，2000a，11(3)：349 ~ 354

[5] 曹成有，寇振武，蒋德明等．科尔沁沙地丘间地植被演变的研究[J]．植物生态学报，2000b，24(3)：262 ~ 267

[6] 常庆瑞，贾科利，刘京．陕北农牧交错带土地荒漠化动态变化研究[J]．西北农林科技大学学报(自然科学版)，2005，33(2)：74 ~ 78

[7] 常学礼，邬建国．科尔沁沙地沙漠化过程中的物种多样性[J]．应用生态学报，1997，8(2)：151 ~ 156

[8] 常月明，王心源，李俊英．农牧交错带水土流失与生态环境恶化及成因—以内蒙古四子王旗东南部为例[J]．国土与自然资源研究，2003(4)：57 ~ 58

[9] 常月明，王心源，沙俊英．农牧交错带水土流失的危害及其成因—以内蒙古四子王旗为例[J]．地域研究与开发，2004，23(1)：80 ~ 83

[10] 常兆丰，刘虎俊，赵明，等．民勤荒漠植被的形成与演替过程及其发展趋势[J]．干旱区资源与环境，2007，7(21)：116 ~ 124

[11] 陈波，达良俊，宋永昌．常绿阔叶林内和林窗中栲树的种子萌发和幼苗生长[J]．热带亚热带植物学报，2002，10(3) ：207 ~ 214

[12] 陈广庭．内蒙古高原东南部现代沙漠化过程[J]．中国沙漠，1991，11(2)：11 ~ 19

[13] 陈海，康慕谊，曹明明．北方农牧交错带农业气候资源空间特征分析[J]．自然资源学报，2006，21(2)：204 ~ 209

[14] 陈一鹗．从盐池县谈农牧交错地带草场资源的管护问题．干旱地区农业研究，1985，(1)：12 ~ 16

[15] 陈章和，陈惠琴，刘惠琼．南亚热带常绿阔叶林几个树种的种子萌发和幼苗发育[J]．植物学报，1995，37（8）：630 ~ 635

[16] 陈正新，王学东，史世斌．内蒙古阴山北麓农牧交错带生态建设中天然草地的利用[J]．中国草地，2001，23(6)：68 ~ 72

[17] 程序．农牧交错带研究中的现代生态学前沿问题[J]．资源科学，1999，21(5)：1 ~ 8

[18] 程占红，张金屯，张峰．不同旅游干扰下草甸种群生态优势度的差异[J]．西北植物学报，2004，24(8)：1，476，479

[19] 池宏康．黄土高原地区提取植被信息方法的研究[J]．植物学报，1996，38（1）：40 ~ 44

[20] 慈龙骏．中国治沙暨沙业学会论文集[M]．北京：北京师范大学出版社，1995

[21] 丁圣彦，宋永昌．常绿阔叶林植被动态研究进展[J]．生态学报，2004，24(8)：1769 ~ 1779

[22] 丁圣彦，宋永昌．浙江天童常绿阔叶林演替系列优势种光合生理生态的比较[J]．生态学报，1999，19（3）：318 ~ 323

[23] 董光荣，高尚玉，金炯，等．青海共和盆地土地沙漠化及其防治[M]．北京：科学出版社，1993
[24] 董光荣，吴波，慈龙骏等．我国荒漠化现状、成因与防治对策[J]．中国沙漠，1999，19(4)：313～324
[25] 董鸣．异质量性生境中的植物克隆生长：风险分摊[J]．植物生态学报，1996，20（6）：543～548
[26] 董世魁，龙瑞军，胡自治．高寒地区多年生禾草人工草地杂草种群动态研究[J]．兰州大学学报，2003，39(5)：82～87
[27] 杜崇，林年丰，汤洁等．吉林省西部农牧交错带草地资源变化趋势研究[J]．吉林农业大学学报，2005，27（1）：86～91
[28] 多立安，田德昌．羊草＋杂类草群落数量特征季节动态的研究[J]．植物研究，1996，16(2)：235～241
[29] 方修琦．从农业气候条件看我国北方原始农业的衰落与农牧交错带的形成[J]．自然资源学报，1999，14(3)：212～218
[30] 傅伯杰，陈利顶，马克明等．景观生态学原理及运用[M]．北京：科学出版社，2001
[31] 戈峰．现代生态学[M]．科学出版社，2000
[32] 格日乐，孙保平，刘军．农牧交错带土地退化类型区的划分及其防治研究[J]．干旱区资源与环境，2004，18(6)：101～107
[33] 辜智慧，陈晋，史培军．锡林郭勒草原1983～1999年NDVI逐旬变化量与气象因子的相关分析[J]．植物生态学报，2005，29（5）：753～765
[34] 海春兴，周心澄，关文彬．社会发展与科技进步对农牧交错带土地利用方式变化驱动研究综述[J]．北京林业大学学报(社会科学版)，2005，4(1)：69～72
[35] 海山．内蒙古农牧交错带可持续发展研究[J]．经济地理，1995，15(2)：100～104
[36] 黄敬峰，王秀珍，王人潮等．天然草地牧草产量与气象卫星植被指数的相关分析[J]．农业现代化研究．2000，21(1)：33～36
[37] 黄世国，林思祖，曹光球等．不同生境中杉阔混交林物种多样性特征初步研究[J]．生物多样性，2001，9（2）：162～167
[38] 黄志伟，彭敏，陈桂琛．青海湖几种主要湿地植物的种群分布格局及动态[J]．应用与环境生物学报，2001，7(2)：113～116
[39] 黄永梅，张明理．鄂尔多斯高原植物群落多样性时空变化特点[J]．生物多样性2006，14（1）：13～20
[40] 郝仕龙，李壁成．土地利用的尺度和尺度转换[J]．中国土地科学，2004，18(5)：32～36
[41] 霍成君．我国北方农牧交错带草地退化和荒漠化成因的研究[D]．中国农业大学博士学位论文，2002.5
[42] 江洪．云杉种群生态学[M]．北京：中国林业出版社，1992：41～50
[43] 江子瀛．深圳—东莞地区快速城市化过程对植被覆盖动态变化的影响[D]．北京：北京大学，2001．1～5
[44] 蒋德明，卜军，寇振武．沙地人工植物群落生物量动态及其更新途径[J]．中国沙漠，1997，17(2)：189～193
[45] 李宝林，周成虎．东北平原西部沙地沙质荒漠化的遥感监测研究[J]．遥感学报，2002，6(2)：117～112
[46] 李瑞，张克斌，张生英等．宁夏盐池人工封育草原植物生态位研究[J]．中国水土保持科学，2006a，4(1)：49～54
[47] 李瑞，张克斌，王百田等．湿地～干草原生态系统植物物种多样性研究[J]．北京林业大学学报，

2006b, 28(5): 12 ~ 17
[48] 李瑞, 王百田, 张克斌. 半干旱区湿地生态系统植被数量分类研究[C]. 全国博士生论坛—林业及生态建设领域相关学科, 2006c: 751 ~ 758
[49] 李博. 生态学[M]. 北京: 高等教育出版社, 1999: 47 ~ 50
[50] 李博等. 草原与稀树草原[A]. 吴征镒. 中国植被[M]. 北京: 科学出版社, 1980
[51] 李栋梁, 吕兰芝. 中国农牧交错带的气候特征与演变[J]. 中国沙漠, 2002, 22(5): 283 ~ 287
[52] 李根前, 唐德瑞, 王迪海. 陕南马尾松种群结构与动态的初步研究[J]. 西北植物学报, 1994, 14(4): 307 ~ 313
[53] 李广, 黄高宝. 北方农牧交错带气候变化及草地生产力的响应—以甘肃省定西县为例[J]. 中国草地, 2005, 27(1): 7 ~ 11
[54] 李开丽, 蒋建军, 茅荣正等. 植被叶面积指数遥感监测模型[J]. 生态学报, 2005, 25(5): 1, 491 ~ 1, 496
[55] 李连方, 王培, 殷甫络等. 不同保护措施对山地草甸植物多样性的影响[J]. 草地学报, 1999, 7(2): 106 ~ 112
[56] 李全发, 刘文耀, 沈有信等. 南涧干热退化山地植被恢复的植物多样性变化[J]. 山地学报, 2005, 23(5): 557 ~ 564
[57] 李志熙, 廖允成, 白岗栓. 毛乌素沙地植被特征与建设. 水土保持通报, 2005, 25(5): 66 – 74
[58] 凌佐志, 谢应忠. 宁夏东部退化草原植物群落类型数量分析. 宁夏农学院学报, 2002, 23(4): 18 – 22
[59] 李双成, 蔡运. 地理尺度转换若干问题的初步探讨[J]. 地理研究, 2005, 24(1): 11 ~ 18
[60] 李世奎, 王石立. 中国北部半干旱地区农牧气候界限探讨[A], 见: 中国自然资源研究会, 中国地理学会, 中国农业学会等. 中国干旱半干旱地区自然资源研究[C]. 北京: 科学技术出版社, 1988
[61] 吕一河, 傅伯杰. 生态学中的尺度及尺度转换方法[J]. 生态学报, 2001, 21(12): 2096 ~ 2105
[62] 李新荣, Pabnov B H. 俄罗斯平原针 – 阔林过度带森林群落组成结构与物种多样性的研究[J]. 生物多样性, 1999, 7(4): 291 ~ 296
[63] 李旭光, 何维明, 董鸣. 缙云山大头茶种群林窗动态的初步研究[J]. 生态学报, 1997, 17, (5): 542 ~ 547
[64] 李增建, 刘东维, 文奇. 农牧交错带生态系统恢复的科技支撑[J]. 内蒙古科技与经济, 2001, (4): 2 ~ 5
[65] 梁士楚. 贵阳喀斯特山地云贵鹅耳枥种群动态研究[J]. 生态学报, 1992, 12(1): 51 ~ 60
[66] 梁士楚. 黔灵山云贵鹅耳枥群落乔木优势种群分布格局初探[J]. 生态学杂志, 1991, 10(6) 1 ~ 5
[67] 林进, 周卫东. 中国荒漠化监测综述[J]. 世界林业研究, 1998, 11(5): 58 ~ 63
[68] 林业部防治荒漠化办公室. 荒漠化及其防治[M], 北京. 1995
[69] 林业部治沙办公室. 联合国关于在发生严重干旱和/或沙漠化的国家特别是在非洲荒漠化的公约[M]. 北京: 中国林业出版社, 1995
[70] 刘加珍, 陈亚宁. 新疆塔里木河下游植物群落逆向演替分析[J]. 干旱区地理, 2002, 25(3): 231 ~ 236
[71] 刘林德, 高玉葆. 论中国北方农牧交错带的生态环境建设与系统功能整合[J]. 地球科学进展, 2002, 17(2): 174 ~ 181
[72] 刘卫国, 潘晓玲, 高炜. 新疆阜康绿洲生态系统生物量遥感估算分析. 资源科学[J], 2005, 27(5): 134 ~ 130

[73] 刘玉芳. 基于 NDVI 的农牧交错带草地植被数量动态研究[J]. 干旱区资源与环境, 2007, 10 (2): 137 ~ 143
[74] 刘玉恩, 葛剑平. 北方农牧交错带生态恢复与重建的原则及对策[J]. 干旱区研究, 2004, 21 (3): 299 ~ 303
[75] 刘钟龄, 王炜, 梁存柱等. 内蒙古草原植被在持续牧压下退化演替的模式与诊断[J]. 草地学报, 1998, 6(4): 244 ~ 251
[76] 柳新伟, 申卫军, 张桂莲. 南亚热带森林演替植物幼苗生态位适应度模拟[J]. 北京林业大学学报, 2006, 28(1): 1 ~ 6
[77] 吕宪国. 湿地生态系统观测方法[M]. 中国环境科学出版社, 2005: 90
[78] 马修岳, 郑柯. 脆弱生态环境植被指数和植被盖度数字图像的编制及其应用研究 – 以晋陕蒙地区为例[A]. 晋陕蒙接埃地区脆弱生态系统遥感监侧与管理研究[C]. 北京: 宇航出版社, 1994: 34 ~ 35
[79] 马东玲, 张金屯, 陈林美. 白羊草群落优势种群生态位研究[J]. 山西大学学报(自然科学版) 2003, 26(1): 76 ~ 80
[80] 马立鹏, 徐当会. 河西地区土地荒漠化程度评价[J], 甘肃农业大学学报, 2002, 3(1): 50 ~ 56
[81] 买买提·阿不都拉. 新疆湿地现状与保护[J]. 新疆林业, 2001, 43(4): 4 ~ 5
[82] 苗莉云, 王孝安, 王志高. 太白红杉群落交错带物种多样性的研究[J]. 广西植物, 2005, 25 (2): 112 ~ 116
[83] 牟长城, 罗菊春, 王襄平等. 长白山林区森林/沼泽交错群落的植物多样性[J]. 生物多样性, 1998, 6(2): 132 ~ 137.
[84] 牛德水. 农业生物学与农业持续发展[M]. 北京: 科学出版社, 1997
[85] 牛文元, 生态环境脆弱带 ECOTONE 的基础判定[J]. 生态学报, 1989, 9(2): 97 – 104
[86] 牛志春, 倪绍详. 青海湖环湖地区草地植被生物量遥感监测模型[J]. 地理学报, 2003, 58(5): 695 ~ 702
[87] 潘占兵, 蒋齐, 温学飞等. 长城沿线农牧交错区退化草场恢复对策 – 以宁夏盐池沙地退化草场为例[J]. 西北农业学报, 2004, 13 (4) : 115 ~ 119
[88] 潘志华, 安萍莉, 刘亚玲. 北方农牧交错带生态系统自然环境变化研究 – 以武川县为例[J]. 中国农业资源与区划, 2003, 24(5): 37 ~ 41
[89] 彭军, 李旭光, 董鸣. 重庆四面山亚热带常绿阔叶林种子库研究[J]. 植物生态学报, 2000a, 24 (2): 209 ~ 214
[90] 彭军, 李旭光, 付永川. 重庆四面山常绿阔叶林建群种种子雨、种子库研究[J]. 应用生态学报, 2000b, 11(1): 22 ~ 24
[91] 彭珂珊. 农牧交错区生态环境恢复与重建的可持续发展思路[J]. 四川草原, 2003(1): 13 ~ 17
[92] 彭少麟, 方炜, 任海等. 鼎湖山厚壳桂群落演替过程的组成和结构动态[J]. 植物生态学报, 1998, 22 (3) 245 ~ 249
[93] 彭少麟, 方炜. 鼎湖山植被演替过程优势种群动态研究Ⅲ. 黄果厚壳桂和厚壳桂种群[J]. 热带亚热带植物学报, 1994, 2(4): 79 ~ 87
[94] 彭少麟, 方炜. 鼎湖山植被演替过程中椎栗和荷木种群的动态[J]. 植物生态学报, 1995, 19 (4): 311 ~ 318
[95] 彭少麟, 王伯荪. 鼎湖山森林群落分析 VI [A]. 非线性演替系统, 热带亚热带森林生态系统[C] 第三集, 25 ~ 31
[96] 彭少麟. 南亚热带森林群落动态学[M]. 北京: 科学出版社, 1996
[97] 彭少麟. 森林群落波动的探讨[J]. 运用生态学报, 1993, 4(2): 120 ~ 125

[98] 彭少麟．森林群落动态学理论及其运用[D]．中山大学博士学位论文，1989.6
[99] 彭少麟．森林群落稳定性与动态测度[J]．广西植物，1987，7(1)：67～72
[100] 彭少麟．植物群落演替研究Ⅱ．动态研究的方法[J]．生态科学，1994，(2)：117～119
[101] 裘国旺，赵艳霞，王石立．气候变化对我国北方农牧交错带及其气候生产力的影响[J]．干旱区研究，2001，18(1)：23～28
[102] 全国农业区划委员会《中国综合农业区划》编写组．中国综合农业区划[M]．农业出版社，1981
[103] 任海，刘世忠，彭少麟等．植物群落波动的类型与机理(综述)[J]．热带亚热带植物学报，2001，9(2)：167～173
[104] 桑卫国，李景文．小兴安岭南坡红松林动态模拟[J]．生态学报，1998，18(1)：38～47
[105] 申元村，张克斌，王贤．荒漠化[M]．北京：中国环境科学出版社，2001
[106] 沈泽昊，金义兴，赵子恩等．亚热带山地森林珍稀植物群落的结构与动态[J]．生态学报，2000，20(5)：800～807
[107] 沈泽昊．山地森林样带植被－环境关系的多尺度研究[J]．生态学报，2002，22 (4)：461～470
[108] 史德宽．农牧交错带在持续发展战略中的特殊地位[J]．草地学报，1999，7(1)：17～21
[109] 史军辉，黄忠良，蚁伟民等．渐危植物格木群落动态及其保护对策[J]．西北林学院学报，2005，20 (3)：65～69
[110] 石瑞香，康慕谊．NECT上农牧交错区耕地变化及其驱动力分析[J]．北京师范大学学报(自然科学版)，2000，36(5)：700～705
[111] 宋会兴，苏智先，高贤明．植被状况对乔木幼苗物种多样性的影响[J]．热带亚热带植物学报，2001，9 (4)：289～294
[112] 宋永昌．植被生态学[M]．上海：华东师范大学出版社，2001
[113] 苏志尧，吴大荣，陈北光．粤北天然林优势种群结构与空间格局动态[J]．应用生态学报 2000，11 (3)：337～341
[114] 孙保平．荒漠化防治工程学[M]．北京：中国林业出版社，2000
[115] 孙颔，石玉林等．中国农业自然资源与区域发展[M]．南京：江苏科技出版社，1994
[116] 唐海萍．陆地生态系统样带研究的方法与实践－中国东北样带植被－环境关系研究[M]．北京：科学出版社，2003
[117] 唐海萍，张新时．中国东北样带的生态系统多样性梯度研究[J]．第四纪研究，1999 (5)：47?
[118] 陶建平，钟章成，杨万勤．不同群落种四川大头茶幼苗的生长动态研究[J]．西南农业大学学报，2001，23(2)：167～170
[119] 田汉勤，齐晔．生态演替的过程分析[A]．见：马世骏主编，现代生态学透视[M]．北京：科学出版社，1990，90～100
[120] 田永明，刘德福．农牧交错区草地资源可持续利用定量研究[J]．中国草地，2005，27(3)：1～4
[121] 王伯荪，李鸣光，彭少麟．植物种群学[M]．广州：广东高等教育出版社，1995，100～112
[122] 王伯荪，彭少麟．鼎湖山森林群落分析X．边缘效应[J]．中山大学学报(自然科学版)，198? (4)：52～56
[123] 王伯荪，彭少麟．鼎湖山森林优势种群数量动态[J]．生态学报，1987，7(3)：214～221
[124] 王伯荪．植物群落学[M]．北京：高等教育出版社，1987
[125] 王国平．水资源开发对科尔沁湿地环境的负面效应[J]．国土与自然资源研究，2001，4 (2)：45～47
[126] 王金达，王起超，刘景双等．东北地区西部农牧交错区可持续发展战略构想[J]．农业环境与发展，2001(1)：25～27
[127] 王琳，张金屯，上官铁梁等．历山山地草甸的物种多样性及其与土壤理化性质的关系[J]．应用

与环境生物学报，2004，10(1)：18～22

[128] 王立群，陈世璜，郝利忠．黑沙蒿生态生物学特性及群落地理分布规律相关性研究[J]．干旱区资源与环境，2002，16(4)：95～98

[129] 王庆锁，王襄平，罗菊春等．生物交错带与生物多样性[J]．生物多样性，1997，5(2)：126～131

[130] 王如松，马世骏．边缘效应及其在经济生态学中的应用[J]．生态学杂志，1985(2)：38～42

[131] 王涛主编．中国的沙漠、沙漠化及其防治[M]．石家庄：河北省科学技术出版社，2002：321～323，334～339

[132] 王巍，刘灿然，马克平等．东灵山两个落叶阔叶林中辽东栎种群结构和动态[J]．植物学报，1999，41(4)：425～432

[133] 王秀珍，黄敬峰．用 AVHRR 资料监测北疆北部天然草地[J]．中国农业气象，1995，16 (3)：43～47

[134] 王周平，李旭光，石胜友．重庆缙云山针阔混交林林隙树木更替规律研究[J]．植物生态学报，2001，51(4)：399～404

[135] 邬建国，Vankat JL. 生态演替理论和模型[A]．见：刘建国主编，当代生态学博论[M]．北京：中国科学技术出版社，1992，49～64

[136] 武吉华，张绅．植物地理学(第 3 版)[M]．高等教育出版社，2001. 12

[137] 奚为民，钟章成，毕润成．四川缙云山亚热带常绿阔叶林林窗边缘效应的研究[J]．植物生态学与地植物学学报，1993，17 (3)：232～242

[138] 唐建超，张红旗，张志强．应用遥感数据反演针叶林有效叶面积指数[J]．北京林业大学学报，2004，26(6)：36～39

[139] 谢宗强，陈伟烈，路鹏．濒危植物银杉的种群统计与年龄结构[J]．生态学报，1999，19(4)：523～528

[140] 邢福，宋日．草地有毒植物狼毒种群分布格局及动态[J]．草业科学，2002，19(1)：16～19

[141] 邢兆凯，吴祥云，张学利等．辽西北地区农牧交错带土地退化原因及其对土壤性状的影响[J]．沈阳农业大学学报，1999，30(2)：102～105

[142] 徐彩琳，李自珍．干旱荒漠区人工植物群落演替模式及其生态学机制研究[J]．应用生态学报，2003，14(9)：1451～1456

[143] 徐全芝，张万昌，刘三超．黑河流域叶面积指数的遥感反演[J]．干旱区研究，2003，20(4)：281～284

[144] 徐学红，于明坚，胡正华．浙江古田山自然保护区甜槠种群结构与动态[J]．生态学报，2005，25(3)：645～653

[145] 许中旗，李文华，鲍维楷．植被原生演替研究进展[J]．生态学报，2005，25(12)：3383～3389

[146] 闫德仁，杨俊平，安晓亮等．荒漠藻固沙结皮试验研究初报[J]．干旱区资源与环境，2004，18 (5)：147～150

[147] 盐池县志编纂委员会．盐池县志[M]．银川：宁夏人民出版社，2002

[148] 阎传海，徐科峰．徐连过渡带低山丘陵森林植被次生演替模式与生态恢复重建策略[J]．地理科学，2005，25(1)：94～101

[149] 杨持．生态学试验与实习[M]．北京：高等教育出版社，2003，56～60

[150] 杨持．羊草草原群落水平格局的研究 I－邻接格子样方的应用[J]．内蒙古大学学报，1983(2)：245～254

[151] 杨维西，李梦先．我国的荒漠化监测[J]．中国林业，1999，6：12

[152] 杨晓晖，张克斌，侯瑞萍．封育措施对半干旱沙地草场植被群落特征及地上生物量的影响[J]

生态环境，2005，14(5)：730～734
[153] 杨晓晖，张克斌，侯瑞萍等．干旱沙地封育草场的植被变化及其与土壤因子间的关系[J]．生态学报，2005，12(25)：3，212～3，219
[154] 杨元合，朴世龙．青藏高原草地植被覆盖变化及其与气候因子的关系[J]．植物生态学报，2006，30（1）：1～8
[155] 杨在中，郝敦元，杨持．植物群落种群分布格局研究的新方法[J]．生态学报，1984，4(3)：237～247
[156] 杨志荣，索秀芬．我国北方农牧交错带人类活动与环境的关系[J]．北京师范大学学报(自然科学版)，1996，32(3)：415～416
[157] 弋良朋，尹林克．基于遥感和GIS的塔里木河下游土地荒漠化的动态变化[J]．吉林大学学报(地球科学版)，2005，35(1)：86～90
[158] 尹爱国，苏志尧，李彩红．广东石门台自然保护区山顶矮林优势种群分布格局及动态[J]．生态学杂志，2006，25（1）：55～59
[159] 于大炮．长白山北坡森林群落交错区植被结构及动态[D]．中国科学院研究生院博士学位论文，2004，6
[160] 喻理飞，朱守谦，叶镜中等．退化喀斯特森林自然恢复过程中群落动态研究[J]．林业科学，2002，38(1)：1～7
[161] 云南大学生物系编．植物生态学[M]．人民教育出版社，1980：186～196
[162] 臧润国．林隙更新动态研究进展[J]．生态学杂志，1998，17(2)：50～58
[163] 张笃见，叶晓娅，由文辉．常绿阔叶林地被层在群落中的作用－以浙江天童为例[J]．西南师范大学学报(自然科学版)，1997，22（3）：320～323
[164] 张峰，张金屯，张峰．历山自然保护区猪尾沟森林群落植被格局及环境解释[J]．生态学报，2003，23(3)：421～427
[165] 张凤荣，宋乃平，李超等．农牧交错区的荒漠化防治与土地持续利用途径探讨[J]．水土保持学报，2003，17(1)：19～22
[166] 张汉雄，邵明安，张兴昌．东北农牧交错带生态环境恢复与持续发展战略[J]．干旱区资源与环境，2004，18(1)：129～134
[167] 张宏，慈龙骏，孙保平．对荒漠化几个理论问题的初步探讨[J]．地理科学，1999，19(5)：447～450
[168] 张继义，赵哈林等．科尔沁沙地植物群落恢复演替系列种群生态位动态特征[J]．生态学报，2003，23（12)：1241～1246
[169] 张金屯．数量生态学[M]．北京：科学出版社，2004
[170] 张金屯．植被数量生态学方法[M]．北京：中国科学技术出版社，1995
[171] 张景光，李新荣，王新平等．沙坡头地区固定沙丘一年生植物小画眉草种群动态研究[J]．中国沙漠，2001，21(3)：232～235
[172] 张军涛，傅小锋．东北农牧交错生态脆弱区可持续发展研究[J]．中国人口．资源与环境，2005，15(5)：58～62
[173] 张军涛，李哲，郑度．温度与降水变化的小波分析及其环境效应解释—以东北农牧交错区为例[J]．地理研究，2002，21(1)：54～60
[174] 张克斌，李瑞，侯瑞萍等．宁夏盐池县不同荒漠化治理措施植物多样性研究[J]．中国水土保持科学，2004，2(4)：66～72
[175] 张克斌，王锦林，侯瑞萍．我国农牧交错区土地退化研究—以宁夏盐池县为例[J]．中国水土保持科学．2003，1(1)：85～90

[176] 张丽霞，张峰，上官铁梁．山西芦芽山植物群落的数量分类[J]．植物学通报，2001，18(2)：231～239
[177] 张林静，岳明，赵桂仿．不同生态位计测方法在绿洲荒漠过渡带上的应用比较[J]．生态学杂志，2002，21 (4) ：71～75
[178] 张文辉，卢涛，马克明．岷江上游干旱河谷植物群落分布的环境与空间因素分析[J]．生态学报，2004，24(3)：552～559
[179] 张文辉．裂叶沙参种群生态学研究[M]．哈尔滨：东北林业大学出版社，1998：46～48
[180] 张一平，马友鑫，刘玉洪．云南哀牢山常绿阔叶林林窗小气候特征[J]．东北林业大学学报，2001，29 (2)：47～50
[181] 张治国，王仁卿，陆健健．胶东沿海砂生植被基本特征及主要建群种空间分布格局的研究[J]．山东大学学报(理学版)，2002，37(4)：364～368
[182] 张自和，郭正刚，吴素琴．西部高寒地区草业面临的问题与可持续发展[J]．草业学报，2002，11(3)：29～33
[183] 张新时．研究全球变化的植被—气候分类系统[J]．第四纪研究，1993，2：157～169
[184] 张新时，高琼，杨奠安等．中国东部样带的梯度分析及其预测[J]．植物学报，1997a，39(9)：785～799
[185] 张新时，周广胜，高琼等．全球变化研究中的中国东北森林～草原陆地样带(NECT)[J]．地学前缘，1997b，4(1～2)：145～151
[186] 张玉贵，刘华．TM 影像的计算机屏幕翻译和荒漠化监测[J]．林业科学研究，1998，11(6)：599～606
[187] 赵冰茹，刘闯，王晶杰等．锡林郭勒草地 MODIS 植被指数时空变化研究[J]．中国草地，2004，26(1)：1～8
[188] 赵哈林，张铜会，崔建恒等．近 40a 我国北方农牧交错区气候变化及其与土地沙漠化的关系—以科尔沁沙地为例[J]．中国沙漠，2000，20(增刊)：1～6
[189] 赵哈林，赵学勇，张铜会等．北方农牧交错带的地理界定及其生态问题[J]．地球科学进展，2002，17(5)：739～747
[190] 赵举，郑大玮，妥德宝．我国农牧交错带资源环境现状与可持续发展对策[J]．中国生态农业学报，2003，11(4)：176～177
[191] 赵丽娅，李兆华，李锋瑞等．科尔沁沙地植被恢复演替进程中群落土壤种子库研究[J]．生态学报，2005，25(12)：3204～3211
[192] 赵松乔，黄勉，过鉴懋．内蒙古自治区农牧业生产配置问题的初步研究[M]．北京：科学出版社，1958
[193] 赵松乔．察北、察盟及锡盟～一个农牧交错带地区经济地理调查[J]．地理学报，1953，19(1)：43～60
[194] 赵松乔．川滇农牧交错地区地理调查研究[M]．北京：科学出版社，1959
[195] 赵雪等．河北坝上脆弱生态环境及整治[M]．北京：中国环境科学出版社，1997
[196] 赵艳霞，裘国旺．气候变化对北方农牧交错带的可能影响[J]．气象，2001，27(5)：3～7
[197] 郑元润．不同方法在沙地云杉种群分布格局中适用性的研究[J]．植物生态学报，1997，21(5)：480～484
[198] 周灿芳．植物群落动态研究进展．生态科学[J]，2000，19(2)：53－59
[199] 周道纬，卢文喜，夏丽华．北方农牧交错带东段草地退化与水土流失[J]．资源科学，1999，21(5)：57～61
[200] 周广胜．气候变化对生态脆弱地区农牧业生产力影响机制与模拟[J]．资源科学，1999，21

(5)：46～52

[201] 周国英，陈桂琛，魏国良．青海湖地区芨芨草群落主要种群分布格局研究[J]．西北植物学报，2006，26（3）：579～584

[202] 周国英，陈桂琛，赵以莲等．青海湖地区芨芨草群落特征及其物种多样性研究[J]．西北植物学报，2003，23(11)：1956～1962

[203] 周厚诚，任海，彭少麟等．广东南澳岛植被恢复过程中的群落动态研究[J]．植物生态学报，2001，25（3）298～305

[204] 周纪纶，郑师章，杨持．植物种群生态学[M]．北京：高等教育出版社．1992，231～235

[205] 周纪纶，郑师章，杨持．植物种群生态学[M]．北京：高等教育出版社．1992，23～50

[206] 周纪纶，郑师章，杨持．植物种群生态学[M]．北京：高等教育出版社．1992，96～106

[207] 周立三等．甘肃农牧交错地区农业区划初步研究[M]．北京：科学出版社，1955

[208] 周廷儒，张兰生等，中国北方农牧交错带全新世环境演变及顶测[M]．北京：地质出版社，1992

[209] 周先叶，王伯荪，李鸣光等．广东黑石顶自然保护区森林次生演替过程中的群落动态．植物学报，1999，41(8)：877～886

[210] 朱震达，刘恕．中国北部农牧交错区沙漠化治理的途径[A]．中国科学院兰州沙漠研究所集刊．第3号[C]．北京：科学出版社，1980：1～18

[211] 朱震达，王涛．从若干典型地区的研究对近十余年来中国土地沙漠化演变趋势的分析[J]，地理学报，1990，45（4）：430～440

[212] 朱震达，肖龙山．草原地带沙漠化环境的特征极其治理途径．中国沙漠[J]，1981，1(1)：8～12

[213] 朱震达．关于中国土地荒漠化概念的商榷[J]．中国沙漠，1998，18(增刊1)：1～5

[214] 朱震达．最近十年来中国北方农牧交错地区土地沙质荒漠化发展趋势的一例(丰宁北部及多伦南部)[J]．中国沙漠，1994，14(4)：1～6

[215] 左小安，赵学勇，张铜会等．中国北方农牧交错带植被动态研究进展．水土保持究[J]．2005，12(1)：162～166

[216] Aiba S, Hill DA, Agetsuma N. Comparison between old-growth stands and secondary stands regenerating after clear-felling in warn-temperate forests of Yakushima, southern Japan [J]. Forest Ecology and Management, 2001, 140: 163－175

[217] Albertson FW, Riegel A, Launchbaugh J. Effects of different intensities of clipping on short grasses in west-central Kansas [J]. Ecology, 1953, 34, 1－20

[218] Barkman JJ. On the ecology of cryptogamic epiphytes with special reference to the Netherlands [J]. Belmontia, 1958, 2: 10－18

[219] Boyd DS and Ripple WJ. Potential vegetation indices for determining global forest cover [J]. International Journal of Remote Sensing, 1997, 18 (6): 1, 395－1, 401

[220] Braswell BH, Schimel DS, Linder E, Moore B. The response of global terrestrial ecosystems to interannual temperature variability [J]. Science, 1997, 238, 870－872

[221] Braun-Blanquet J. Pflanzensoziologie. 3rd ed [M]. Springer, Wien. 1964

[222] Burk C. J. A four-year analysis of vegetation following an oil spill in a fresh water march [J]. Journal of Applied Ecology, 1977, 14: 515－522

[223] C. W. Thornthwaite. An Approach toward a Rational Classification of Climate[J]. Geographical Review, 1948, 1(38): 55－94

[224] Chen JM. Derivation and validation of Canada-wide coarse-resolution leaf area index maps using high-resolution satellite imagery and ground measurements [J]. Remote Sens Ennviron, 2001, 80, 1－20

[225] Clements FE. Plant Succession and Indicator [M]. Wilson: New York, 1928

[226] Clements FE. Plant Succession: Analysis of the Development of Vegetation [M]. Carnegie Institute Publication: Washington DC, 1916

[227] Connel JH, Slatyer RO. Mechanisms of succession in natural communities and their role in community stability and organization [M]. Amer. Nat., 1979, 111: 1119 - 1144.

[228] Coupland RT, Skoglund NA, Heard AJ. Effects of grazing in the Canadian Mixed Prairie. Proc. Intern. Grassl. Congress, 1960, 8, 212 - 215

[229] De Raeve F, Van der Meulen F, Jungerius PD, et al. eds. S and dune vegetation and management dynamics, in Coastal Dune Management [M]. SPB Academic Publishing, 1989. 99 - 109

[230] Del Moral R, Bliss LC. Mechanisms of primary succession: insights resulting from the eruption of Mount St. Helens [M]. Advances in Ecological Research, 1993, 24: 1 - 66.

[231] Di L, Rundquist DC, Han L. Modeling relationships between NDVI and precipitation during vegetation growth cycles [J]. International Journal of Remote Sensing, 1994, 15: 2121 - 2136

[232] Digby PG, Kempton RA. Multivariate Analysis of Ecological Communities [M]. New York: Chapman and Hall, 1987

[233] Egler FE. Vegetation science concept Ⅰ. Initial floristic composition-a factor in old-field vegetation development [J]. Vegetatio, 1954, 4: 412 - 418

[234] Eklundh L. Estimating relations between AVHRR NDVI and rainfall in East Africa at 10 days and monthly time scales [J]. International Journal of Remote Sensing, 1998, 19: 563 - 568

[235] Everit BS. Graphical techniques for multivariate data [M]. New York: North-Holland, 1978

[236] Fang JY, Piao SL, He JS, et al. Increasing terrestrial vegetation activity in China, 1982 - 1999 [J]. Science in China (Series C), 2004, 47, 229 - 240

[237] Fischer RA, Corbet, Williams. The relation between the number of individuals and the number of species in a random sample of an animal population [J]. J. Anim. Ecol., 1943, 12: 42 - 58

[238] Girard CM, Benoit M, de Vaubernier E et al. SPOT HRV data to discriminate grassland quality [J]. International Journal of Remote Sensing, 1990, 11(12): 2253 - 2267

[239] Gleason HA. Further view on the succession concept. Ecology, 1927, 8: 299 - 326

[240] Golley FB. Ecological Succession [M]. Stroudburg: Hutchinson & Ross, 1977

[241] Greig-Smith P. Pattern in Vegetation [J]. Journal of Ecology, 1979, 755 - 779

[242] Greig-Smith P. Quantitative Plant Ecology. 3rded [M]. Oxford: Blankwell Science Publications, 1983. 105 - 112

[243] Greig-Smith P. Quantitative Plant Ecology. 3rded [M]. Oxford: Blackwell Scientific Publications, 1983, 54 - 104

[244] Grootjans AP, Ernst WHO, Stuyfzand PJ. European dune Slack: strong interactions of biology, pedogenesis and hydrology. Tree, 1998, 13 (3): 96 - 100.

[245] Haenrich EF. Environmental fluctuations on southfacing slopes in the Santa Catalina Mountains of Arizona [J]. Ecology, 1976, 51, 959 - 974

[246] Hielkema JU, Prince SD, Astle WL. Rainfall and vegetation monitoring in the Savanna Zone of the Democratic Republic of Sudan using the NOAA Advanced Very High Resolution Radiometer [J]. International Journal of Remote Sensing, 1986, 7, 1499 - 1513

[247] Hiernaux P. Effects of grazing on plant species composition and spatial distribution in rangelands of the Sahel [J]. Plant Ecology, 1998, 138: 191 - 202

[248] Ipatov VS. A study of the variation of the soil cover from year to year in a taiga-type boreal forest [J].

Bot Zh, 1969, 54, 1939 - 1951

[249] Jenins MA, Parker GR. Composition and diversity of woody vegetation in silvicultural openings of southern Indiana forests [J]. Forest Ecology and Management, 1998, 109: 57 - 74

[250] Justice CO, Hiemaux PH. Monitoring the grasslands of the Sahel using NOAAA VHRR data: Niger 1983 [J]. International Journal of Remote Sensing, 1986, 7(11): 1475 - 1497

[251] Kauffman JB. Survival by sprouting following fire in tropical forest of the east Amazon [J]. Biotropica, 1991, 23 (3): 219 - 224

[252] Khan ML. Regeneration and survival of tree seedling and sprouting in tropical deciduous and sub-tropical forest of Meghalaya India [J]. For. Eco. Manag. , 1986, 14: 293 - 304

[253] Knapp R. (宋永昌等译). 植被动态[M]. 北京: 科学出版社, 1986 , 68 ~ 76

[254] Korchangin AA. Symposium on the dynamics of vegetation in the FRG [J]. Bot Zh, 1968, 53, 1, 669 - 1, 676

[255] Li SG, Zhao HL, He ZY, et al. Grassland Desertification and Micro-Meteorologigical Changes in Naiman [J]. Journal of Desert Research, 1998, 18(4): 259 - 365

[256] Manfred Wanner, Wolfram Dunger. Primary immigration and succession of soil organisms on reclaimed opencast coal mining areas in eastern Germany [J]. European Journal of Soil Biology, 2003, 38: 137 - 143

[257] Margalef R. Perspectives in Ecological Theory [M]. University of Chicago Press: Chicago, 1968

[258] Matthews JA. The ecology of recently deglaciated terrain: a geoecological approach to glacier forelands and primary succession [M]. Cambridge: University Press, 1992

[259] McCloy KR, Hall KA. Mapping the density of woody vegetative cover using Landsat MSS digital data [J]. International Journal of Remote Sensing, 1991, 12 (9): 1877 - 1885

[260] Mcintosh RP. Succession and ecological theory in forest succession and application [M]. Springer-Verlag, New York, 1981: 10 - 23

[261] Merrill EH, Bramble-Brodahl MK, Marrs RW, et al. Estimation of green herbaceous phytomass from Landsat MSS data in Yellowstone National Park [J]. Journal of Range Management, 1993, 46(2): 151 - 157

[262] Miles J. Vegetation Dynamics [M]. New York: Halsted Press, 1979

[263] Mladenoff D, Baker WL. Spatial Modeling of Forest Landscape Change [M]. Cambridge: Cambridge University Press, 1999

[264] Myneni RB, Tucker CJ, Asrar G, Keeling C. Interannual variations in satellite_ sensed vegetation index data from 1981 to 1991 [J]. Journal of Geophysical Research, 1998, 103: 6145 - 6160

[265] Negrelle RRB. Sprouting after up rooting of canopy trees in the Atlantic rain forest of Brazil. Biotropica, 1995, 27 (4): 448 - 454

[266] Nicholas Coops and Darius Culvenor. Utlizing local variance of simulated high spatial resolution imagery to predict spatial pattorn of forest stands [J]. Remote Sensing Environment, 2000, 71 (3): 248 - 260

[267] Noble IR, Slatyer RO. The use of vital attributes to predict successional change in plant communities subject to recurrent disturbances [J]. Vegetation, 1980, 43: 5 - 21

[268] Odum EP(孙儒泳等译). 生态学基础[M]. 北京: 人民教育出版社, 1981

[269] Oliver CD, Larson BC. Forest stand dynamics [M]. McGraw-Hill, New York, 1990

[270] Omar S. Dynamics of range plants following 10 years of protection in arid rangelands of Kuwait [J]. Journal of Arid Environments, 1991, 21: 99 - 111

[271] Paruelo JM, Golluscio RA. Range assessment using remote sensing in Northwest Patagonia (Argentina)

[J]. Journal of Range Management, 1994, 47(6): 498 –502

[272] Peltzer DA, Bast ML, Willson SD, et al. Plant diversity and tree responses following contrasting disturbances in boreal forest [J]. Forest Ecology and Management, 2000, 127: 191 –203

[273] Poschlod P, Bakker J, Bonn S, et al. Dispersal of plants in fragmented landscapes-changes of dispersal processes in the actual and historical man-made landscape [A]. In: settele J, Margules C, Poschlod, P, Henle K. Eds. Species Survival in Fragmented Landscapes [C]. Kluwer, Dordrecht, 1996: 123 – 127

[274] Prince SD, Astle WL. Satellite remote sensing of rangelands in Botswama I: Landsat MSS and herbaceous vegetation [J]. International Journal of Remote Sensing, 1986, 7(11): 1, 533 –1, 553

[275] Qi J, Chehbouni A, Huete AR, et al. A modified soil-adjusted vegetation index [J]. Remote Sens Environm, 1994, 48, 119 –126

[276] Rabotnov TA. Fluctuations of meadows [J]. Bjull. Mosk. OI Prir. O. Biol, 1955, 60 (3): 17 –23

[277] Read DJ, Haselwandter K. Observation on the mycorrhizal arrays of some alpine communities [J]. New Phytologist, 1981, 88: 341 –352.

[278] Rouse JW, Haas RH, Schell JA, and Deering DW. Monitoring vegetation systems in the Great Plains with ERTS [A]. Proceedings of Third Earth Resources Technology Satellite-1 Symposium[C], Greenbelt: NASA SP –351, 1974: 310 –317

[279] Saltz D, Schmidt H, Rowen M, etal. Assessing grazing impacts by remote sensing in hyper-arid environments [J]. Journal of Range Management, 1999, 52(5): 500 –507

[280] Shugart HH. A theory of forest dynamics, The Ecological Implications of Forest Succession Models [M]. New York: Springer-Verlag. 1984

[281] Song YT. Vegetation Ecology [M]. Shanghai: East China normal University, 2001

[282] Stocker GC. Regeneration of A North Queensland rain forest following felling and burning [J]. Biotropica, 1981, 13(2): 86 –92

[283] Svoboda, Henry GHR. Succession in marginal artic environments [J]. Arctic and Alpine Research, 1987. 19: 373 –384.

[284] Tamm GO. Growth and plant nutrient concentration in Hylocomium proliferum Lindl. in relation to tree canopy [J]. Oikos, 1950, 2, 60 –64

[285] Taylor BF, et al. Determination of seasonal and interannual variation in New Zealand pasture growth from NOAA 7 data [J]. Remote Sensing of Environment, 1985, 18: 177 –192

[286] Terborgh J. Bird species diversity on an Andean elevational gradient [J]. Ecology, 1977, 58: 1007 – 1019

[287] Terborgh J. The role of ecotones in the distribution of Andean birds [J]. Ecology, 1985, 66(4): 1, 237 –1, 246

[288] Timothy BM, Judith L, Timothy GW, et al. Evluating change in rangeland condition using multitemporal AVARR data and geographic information system analysis [J]. Environmental Monitoring and Assessment, 1999, 59: 211 – 223

[289] Tsuyuzaki S. Origin of plants recovering on the volcano U su, Northern Japan, Since the eruptions of 1977 and 1978 [J]. Vegetatio, 1987, 73: 53 –58

[290] Turner MD. Long-term effects of daily grazing orbits on nutrient availability in Sahelian West Africa: 1. Gradients in the chemical composition of rangeland soils and vegetation [J]. Journal of Biogeography, 1998, 25: 669 –682

[291] Turner MG, Gardner RH. Quantitative methods in landscape ecology [M]. New York: Springer-Ver-

lag, 1991

[292] Wang J, Rich PM, Price KP. Temporal responses of NDVI to precipitation and temperature in the central Great Plains, USA [J]. International Journal of Remote Sensin, 2003, 24, 2345 – 2364

[293] Whittaker RH(王伯荪译), 1986. 植物群落排序[M]. 北京: 科学出版社

[294] Whittaker RJ, Bush MB, Richards K. Plant recolonization and vegetation succession on the Krakatoa Islands, Indonesia [J]. Ecol. Monogr, 1989, 59: 59 – 123

[295] Zhikang C. Monitoring seasonal dynamics of arid land vegetation using AVIRIS data [J]. Remote Sensing Environment, 1998, 65 (3): 255 – 266